ÉTUDES
MÉDICALES

PAR

G. LE THIÈRE

DOCTEUR EN MÉDECINE DE L'UNIVERSITÉ DE GIESSEN
MÉDECIN ET MAITRE EN PHARMACIE DES ÉCOLES DE PARIS
CHEVALIER DE SAINT-GRÉGOIRE-LE-GRAND

PREMIERS SECOURS CONTRE LE CHOLÉRA
ET LA GRIPPE

CONTRE LES EMPOISONNEMENTS
ET AUTRES ACCIDENTS

EFFETS PHYSIOLOGIQUES ET THÉRAPEUTIQUES
DE QUELQUES MÉDICAMENTS

NOTES SUR LES EAUX SULFUREUSES
DE BAGNÈRES-DE-LUCHON

PARIS

J.-B. BAILLIÈRE ET FILS

LIBRAIRE DE L'ACADÉMIE IMPÉRIALE DE MÉDECINE
Rue Hautefeuille, 19, près le boulevard Saint-Germain

Londres	**Madrid**
HIPPOLYTE BAILLIÈRE	C. BAILLY-BAILLIÈRE

1869

ÉTUDES

MÉDICALES

DU MÊME AUTEUR

Communications cliniques particulièrement sur l'emploi thérapeutique du *Saccharure d'huile de foie de morue;* 1861.

Conseils pour prévenir les attaques d'apoplexie ; 1862.

Effet du moral sur les malades.

Du dynamisme médicamenteux, et moyen d'augmenter cette puissance.

Eaux de Torretta, près Monte-Casini (Toscane), Légende ; 1867.

PARIS. — IMP. SIMON RAÇON ET COMP., RUE D'ERFURTH, 1.

ÉTUDES

MÉDICALES

PAR

G. LE THIÈRE

DOCTEUR EN MÉDECINE DE L'UNIVERSITÉ DE GIESSEN
MÉDECIN ET MAITRE EN PHARMACIE DES ÉCOLES DE PARIS
CHEVALIER DE SAINT-GRÉGOIRE-LE-GRAND

PREMIERS SECOURS CONTRE LE CHOLÉRA
ET LA GRIPPE

CONTRE LES EMPOISONNEMENTS
ET AUTRES ACCIDENTS

EFFETS PHYSIOLOGIQUES ET THÉRAPEUTIQUES
DE QUELQUES MÉDICAMENTS

NOTES SUR LES EAUX SULFUREUSES
DE BAGNÈRES-DE-LUCHON

PARIS

J.-B. BAILLIÈRE ET FILS

LIBRAIRES DE L'ACADÉMIE IMPÉRIALE DE MÉDECINE
19, rue Hautefeuille, près le boulevard Saint-Germain

Londres	**Madrid**
HIPPOLYTE BAILLIÈRE	C. BAILLY-BAILLIÈRE

1869

ÉTUDES

MÉDICALES

L'homœopathie a toujours progressé depuis soixante ans qu'elle a été mise en lumière.

Elle a fait son chemin chez toutes les nations, elle a été adoptée par toutes les classes de la société.

Expérimentée dans les hôpitaux spéciaux, les cliniques et les dispensaires, elle a été si souvent et si sérieusement discutée et jugée par un si grand nombre de médecins dans des publications de toute espèce, dans des cours et des conférences publics qu'il est impossible de la nier complétement.

Cette longue et universelle expérience continue à prouver la vérité de l'axiome démontré par le grand thérapeutiste Hahnemann : la médecine guérit dans la donnée du possible, *si on lui oppose les médicaments dont les effets physiologiques lui sont analogues.*

Un des principes fondamentaux du médecin homœopathe est donc la *loi des semblables*. Tous, nous l'admettons et la défendons.

Cette grande loi médicale vue par Hippocrate[1], généralisée par Hahnemann, reconnue mais défigurée sous le nom de *loi des substitutions* par des princes de l'école moderne, Bretonneau et Trousseau, fait de la thérapeutique une science positive.

Les doses infinitésimales ne sont que secondaires. On guérit avec toutes les doses ; mais avec les petites on évite les secousses dangereuses et on guérit plus vite.

Ceci admis, il est naturel que de nombreuses familles demandent à notre doctrine des garanties pour leur santé.

C'est pour les satisfaire que je résume dans cet opuscule, en évitant toute dissertation oiseuse, les enseignements qu'il m'a été donné de recueillir par l'étude des maîtres et par mon expérience personnelle.

Ces enseignements indiquent les moyens préventifs et les premiers secours nécessaires pour combattre deux fléaux dont le retour compromet trop souvent notre existence et notre santé : le *choléra* et la *grippe*.

Je veux aussi faire connaître quelques remèdes d'un usage facile qu'on devrait toujours avoir sous la main et dont un emploi judicieux pourra permettre d'attendre les soins éclairés d'un médecin.

On s'en servirait en cas d'indispositions plus ou moins graves, accidents ou empoisonnements, lorsqu'on est éloigné de tout secours.

[1] *Vomitus vomitu curatur*, Aphorismes d'Hippocrate.

CHOLÉRA

La contagion du choléra n'étant pas prouvée, nous devons admettre l'infection miasmatique, laquelle est engendrée par des influences atmosphériques inconnues jusqu'ici. Semblables aux météores, elles peuvent s'abattre sur une contrée, une ville, un quartier, une rue ou une maison, et commettre des ravages plus ou moins violents suivant les prédispositions de chacun.

La chimie ne nous montre dans l'air des salles des cholériques, comme aussi dans les salles de théâtre, que des molécules organiques et ammoniacales.

Quant à l'ozone, on en découvre bien dans l'atmosphère purifiée par le voisinage des végétaux, ou après des orages, mais jamais dans l'air concentré d'une grande réunion de personnes ; cette espèce d'oxygène n'a donc aucun rapport avec le choléra.

L'épidémie est, dit-on, causée par des animalcules ou des sporules de champignons qui se répandent dans l'air et sont absorbés.

Le microscope ne découvre aucune trace ni des uns ni des autres dans le sang des cholériques vivants.

Les rares urines des malades sont albumineuses, et dans leurs déjections riziformes on trouve un grand nombre de vibrions. Des micrographes allemands disent avoir trouvé une *mucédinée* du choléra qui en serait le contagium de nature végétale et décomposerait l'épithélium intestinal.

Mais comme des infusoires et autres corps microscopiques se trouvent dans les sécrétions du rhume de cerveau, dans les mucosités catarrhales et dans l'eau des égouts, ces productions animales et végétales n'ont rien à faire avec le choléra.

Il n'en est pas de même des fièvres paludéennes. Le microscope fait très-bien voir qu'au moment de la fructification, des spores toxiques se détachent des algues et la fièvre intermittente est l'effet de cette intoxication.

Aussi faut-il éviter toute habitation trop rapprochée d'eau stagnante et même de l'eau courante, les cryptogames palustres pouvant toujours se reproduire par le desséchement des bords des rivières.

Il est incontestable que, pendant l'épidémie cholérique, on subit l'influence d'une émanation toxique ; elle est dans l'air qu'on respire, elle s'attache aussi bien aux corps qu'aux vêtements. Nous conseillons, non-seulement de beaucoup aérer toutes les pièces des appartements, mais encore de désinfecter l'air au moyen du *chlorure de chaux* : — le chlore en se dégageant détruit les corpuscules organiques suspendus dans l'air ;

De faire matin et soir des ablutions sur tout le corps, avec de l'eau froide dans laquelle on mettra pour une cuvette trois ou quatre grandes cuillerées de *vinaigre phénique* ;

De soumettre les vêtements, surtout le linge qu'il convient de changer tous les jours, aux vapeurs de *vinaigre phénique* : ces vapeurs s'obtiennent en jetant une certaine quantité de *vinaigre phénique* sur une pelle rougie ;

Enfin de laver les vases et les cuvettes avec de l'eau dans laquelle on aura fait dissoudre du *sulfate de fer* : une demi-cuillerée pour un litre d'eau. Il sera prudent de jeter dans les fosses un mélange de *charbon en poudre* et de *sulfate de fer*.

On doit éviter tout excès et ne manger que modérément de la viande de porc, des fruits et des herbages. Il faut tenir la région abdominale chaude au moyen d'une ceinture de laine. Il ne faut jamais sortir le matin à jeun, l'organisme en travail de digestion étant moins disposé à absorber les miasmes.

Indépendamment de ces soins hygiéniques, nous conseillons de prendre à sec, sur la langue, tous les deux ou trois jours, quelques granules d'*ellébore blanc* (*veratrum*) et de porter sur le creux de l'estomac une armature composée de *cuivre jaune* et de *zinc*, en feuilles très-minces de la largeur de la paume de la main ; le cuivre devra être en contact avec la peau.

Ces plaques dégagent sans cesse de l'électricité et l'application directe du cuivre sur la peau a pour but de pénétrer l'organisme de ses effets médicamenteux, qui, analogues aux symptômes du choléra les combattent et les annihilent.

BOISSONS HYGIÉNIQUES.

Pendant les épidémies qui se portent principalement sur l'estomac et les intestins, il convient de surveiller les boissons. Elles doivent être de bonne qualité, il faut se méfier des vins à bas prix, frelatés pour la plupart.

Dans les pays à cidre, j'ai remarqué que l'usage de cette boisson, pendant les grandes chaleurs, causait de violentes dysenteries.

Je conseille de remplacer le cidre au moment des moissons par la boisson au café.

On fait légèrement bouillir dans un vase fermé un kilogramme de café en poudre dans 20 litres d'eau, on sucre avec de la cassonade ou du sucre, et on ajoute une légère proportion d'eau-de-vie.

On a soin de placer le vase qui contient la boisson dans un trou creusé en terre, qu'on recouvre de paille.

Un verre de cette boisson toutes les heures fortifie, diminue la transpiration et empêche le relâchement dysenterique des intestins.

Pour boisson de table, au lieu de mauvais vins ou de mauvaises bières qui souvent contiennent beaucoup de chaux destinée à les empêcher de s'acidifier, du buis à la place de houblon et quelquefois même un peu de *strychnine*, je propose les boissons suivantes :

Houblon..	12 grammes.
Fleurs de sureau..	8 —
Cassonade.	500 —
Vinaigre blanc.	1 verre.
Eau..	20 litres.

Faire bouillir 4 litres d'eau pour l'infusion du houblon et de la fleur de sureau, passer après une heure d'infusion et ajouter la cassonade, le vinaigre et les seize litres d'eau qui restent. Laisser le tout pendant huit jours et mettre ensuite en bouteilles qu'il faut bien boucher, ficeler et tenir couchées pendant quinze jours.

Bière.

Orge ou Maïs.	120 grammes.
Houblon.	500 —
Cassonade.	1 kilogramme.
Eau..	30 litres.

Il faut faire tremper le grain, orge ou *maïs*, et le tenir à une température tiède pour le laisser légèrement germer afin de faciliter le développement de la diastase. On transforme ensuite cette germination ou *malt* en fermentation au moyen de levûre de bière ou de pain, de la grosseur d'une noix, on ajoute le houblon et l'eau bouillante pour former le *moût*. Alors la fécule du grain devient dextrine, puis sucre qui lui-même se transforme en alcool. Celui-ci se combine au moyen de l'eau avec le tannin et la résine du houblon pour constituer une boisson très-saine et fort agréable, qu'il faut coller au moyen de deux blancs d'œufs et une pincée de sel gris. Après quarante-huit heures cette bière est claire.

Je préfère le *maïs* à l'orge. Le maïs est plus riche en principes nourrissants, il contient plus de fécule et plus de matière grasse que l'orge, et il a une propriété particulièrement rafraîchissante sur les reins et la vessie. Son usage peut prévenir la gravelle, ainsi que l'expérience l'a prouvé [1].

Cidre.

Pommes.	2 kilogr.
Raisins secs..	1 —
Sucre brut.	120 grammes.
Caramel.	1 petite cuillerée.
Eau.	40 litres.

Faire à moitié sécher les pommes au four, les couper et les faire infuser dans quelques litres d'eau avec les raisins secs, passer, ajouter le sucre, le caramel, et le reste de l'eau. Laisser fermenter pendant six jours et mettre en bouteilles. Il faut les tenir couchées pendant trois jours et les relever pendant quinze avant de faire usage de cette boisson.

[1] Dans le cas de maladies de reins ou de vessie, je conseille de remplacer l'eau ordinaire par une décoction légère de feuilles de maïs.

Froid général, chute rapide des forces, sueur froide et visqueuse, malaise insupportable, douleur vive de brûlure à l'estomac, soif, voix creuse, peau jaune, yeux caves, crampes aux membres, coliques et nausées.

Verser à l'instant, sur un morceau de sucre imbibé d'eau, trois ou quatre gouttes d'*esprit de camphre* [1] qu'on fera avaler ; cette dose sera reprise ainsi toutes les cinq minutes. On devra de même, faire prendre ces gouttes d'esprit de camphre dans une petite cuillerée de glace pilée. La glace prise fréquemment en petite quantité, calme la soif ardente et la sensation de brûlure. Frotter les membres avec de l'eau-de-vie camphrée. Mettre une compresse d'*esprit de camphre* sur l'estomac et entretenir la chaleur du corps au moyen de bouteilles d'eau chaude, de fers, où de briques chauffées. La chaux légèrement mouillée qu'on met dans des linges et dont on entoure les pieds et les jambes, donne une très-grande et bonne chaleur.

Les doses seront d'autant plus éloignées que le malade ira mieux.

Si, à ces symptômes, viennent se joindre des vomissements et de la diarrhée, il faut mettre 3 ou 4 gouttes de *veratrum* (ellébore blanc), dans un verre d'eau et prendre une cuillerée toutes les cinq minutes. Remuer chaque fois le liquide médicamenteux avant de l'administrer. Si ces deux médicaments n'ont point amené un changement notable après deux heures, il faut passer à d'autres et chercher dans :

---

[1] *L'esprit de camphre* se prépare en mettant dans un flacon d'alcool à 40° autant de camphre que cet alcool peut en dissoudre.

Cuprum metallic. (cuivre), *metallum album* (acide arsénieux) *ipécacuanha*, qui sont les médicaments indiqués pour combattre toutes les phases du choléra.

Ipécacuanha et *nux vomica*, lorsque les vomissements, la soif et les douleurs à l'estomac dominent.

Rarement le cerveau se trouve entrepris chez les cholériques et cela n'arrive ordinairement qu'après un temps assez éloigné de l'apparition primitive pendant la réaction. Alors c'est *belladona* et *aconit* qui sont indiqués.

L'emploi du *veratrum* n'est pas absolument nécessaire après le *camphre*; il serait donné avant lui si les vomissements, la diarrhée liquide et blanche, la sueur et la suppression des urines, survenaient tout d'abord.

Souvent il arrive qu'un des quatre médicaments indiqués après le *camphre* et le *veratrum*, convient mieux dès l'abord ; le choix doit résulter d'un discernement médical éclairé.

Cette indication est trop succinte pour pouvoir servir au traitement radical du choléra, mais elle servira efficacement à employer pour le bien du malade le temps précieux qui s'écoule depuis l'invasion de la maladie jusqu'à l'arrivée du médecin ; quand ce traitement préalable est bien appliqué, le médecin peut trouver le malade guéri ou en voie de l'être, ainsi que cela nous est arrivé bien des fois.

Tout dépend de la promptitude avec laquelle on enraye cette terrible maladie dès son début, aussi l'*esprit de camphre*, pris à temps, suffit-il souvent.

Les médicaments *ipécacuanha* et *phosphori acidum* combattent avec grand succès l'indisposition dite cholérine qui souvent est le choléra lui-même. On peut se servir de ces mêmes médicaments, mais à doses plus fortes, pour sauver des animaux atteints de symptômes cholériques, comme nous l'avons observé sur des moutons dans le département de l'Eure [1].

GRIPPE.

La grippe est une fièvre catarrhale contagieuse. En Italie, on l'appelle influenza.

Elle se manifeste par les symptômes suivants :

Faiblesse avec courbature plus ou moins douloureuse, peau chaude, pouls vite et fort mais facilement dépressible; enchifrènement et éternuements avec écoulement des narines; — cet écoulement augmente et de liquide devient épais et verdâtre, — rougeur des yeux, douleur de tête qui s'exaspère par la toux : système nerveux surexcité et un abattement moral nullement en rapport avec l'état morbide.

Sensation de picotement dans la gorge et dans toute la partie supérieure de la poitrine. La toux, sèche d'abord, devient bientôt humide; mais l'expectoration bien qu'abondante est difficile.

Les quintes de toux empêchent le sommeil, la voix devient rauque et faible; le malade éprouve une oppression qui peut aller jusqu'à la suffocation et est constamment incommodé par un bruit de râle dans la trachée, ainsi que par des transpirations qui alternent avec des frissons.

Traitement. — *Aconit* et *belladone* à la 6e dilution, autant de globules que de cuillerées d'eau. — Il faut mettre ces deux médicaments dans deux verres dif-

[1] A Morainville, 1855.

férents et les prendre par grande cuillerée, alternativement toutes les heures ou toutes les deux heures, et ne
jamais manquer de bien remuer l'eau médicamenteuse
avant de prendre la cuillerée.

S'il y a commencement de pneumonie, ce qu'on reconnaît aux bruits de râles humides sur la partie enflammée du poumon, il faut donner après *aconit* et *belladone*, et de la même manière que ces médicaments:
bryone et *phosphore*.

Je remplace les tisanes délayantes, infusions de
mauves, de violettes, etc., qui gorgent et fatiguent l'estomac, par de l'eau sucrée froide dans laquelle je fais
mettre une petite cuillerée de bonne eau-de-vie et de 2
à 4 gouttes de teinture d'*aconit*.

Cette tisane des plus calmantes doit être prise par
gorgée, de temps en temps, surtout le soir.

Souvent la grippe prend un caractère intermittent
qui peut même présenter une certaine gravité.

Le *sulfate de quinine* alors est indiqué, toujours aux
mêmes doses.

Quelquefois il se manifeste des phénomènes bilieux.
La face et la sclérotique deviennent jaunes; la langue se
charge de saburre d'un jaune verdâtre. Le malade se
plaint d'un goût amer qui se porte sur les aliments,
principalement sur le vin; l'eau rougie est insupportable, et cependant la soif est ardente.

Je conseille, dans ce cas, la *noix vomique*, et plus
tard *mercure soluble*; pour boisson, de la bonne bière
de Bavière ou de Strasbourg, avec un tiers d'eau de
Vichy (source des Célestins).

Je recommande aussi de légers dérivatifs, sinapismes
ou papier de *thapsia* sur la poitrine et le dos.

SECOURS CONTRE LES EMPOISONNEMENTS ET AUTRES ACCIDENTS

Empoisonnements. — La quantité d'empoisonnements contre lesquels la justice est obligée de sévir est si grande, qu'il est vraiment nécessaire de faire connaître les moyens de préserver la vie contre leur atteinte.

Nous croyons également devoir vulgariser les secours contre des accidents souvent terribles et dangereux auxquels nous sommes tous exposés.

Il est des poisons qui désorganisent, comme l'*eau-forte*, le *vitriol*... Leur effet se fait sentir dès qu'ils sont arrivés dans l'estomac, et même quand ils passent dans l'œsophage. D'autres ne deviennent sensibles que du moment où le bol alimentaire devenu chyme, puis chyle, arrive dans les intestins pour y être absorbé par les vaisseaux chylifères qui déversent les principes funestes dans le torrent de la circulation.

Les poisons narcotiques et végétaux sont dans ce cas. Alors l'empoisonnement ne se dévoile que plusieurs heures après l'ingestion de la substance vénéneuse, ainsi se comportent l'*aconit*, la *belladone*, les *champignons*.

Pendant un état de santé normal on se sent subitement, ou peu à peu et sans cause connue, atteint de malaise. Si ce malaise provient de ce que l'air est vicié, c'est dans la respiration qu'il se fait sentir ; et dans l'estomac ou les intestins, si on a avalé une substance malfaisante.

Il est de la plus grande urgence, dans le premier cas, de s'éloigner de l'endroit où la respiration a eu à souffrir, et dans le deuxième de débarrasser l'estomac par le vomissement.

Mais ne sachant à quel agent on a affaire, il faut éviter les émétiques et avaler au plus vite une grande quantité d'eau tiède, puis faire vomir, en chatouillant la luette avec les barbes d'une plume, ou simplement avec le doigt.

On fera ensuite avaler de l'eau albumineuse (4 *blancs d'œufs* battus dans un litre d'eau) et du lait.

On aura soin de faire vomir à plusieurs reprises.

S'il y a déjà quelque temps que l'empoisonnement a eu lieu, on purgera, au moyen de 30 grammes de *sulfate de magnésie*, pour un verre d'eau [1].

Si la figure devenait pâle, la peau froide, qu'il survînt une dépression générale comme dans les infections purulentes, il ne faudrait pas craindre l'usage de l'eau-de-vie ou du rhum ; il faut en faire prendre largement après avoir fait vomir, toutefois, afin que ces puissants modificateurs et excellents antiseptiques ne puissent dissoudre aucun des principes toxiques qui auraient pu rester dans l'estomac.

Quelquefois, comme dans les empoisonnements par l'*émétique* ou la *noix vomique*, le muscle diaphragme

---

[1] On pourrait délayer dans de l'eau et faire prendre le mélange suivant qui correspond aux poisons les plus communs et les plus actifs. Ce mélange contient par parties égales la *magnésie calcinée*, le *sesquioxyde de fer*, le *charbon en poudre* (Docteur Jousset, *Eléments de médecine pratique*, 496, 11ᵉ vol.).

se convulsionne, et la violence de ses contractions comprime les poumons au point de déterminer l'asphyxie. Il faudra alors insuffler de l'air dans les poumons comme il sera dit ultérieurement.

Plusieurs fois, dans ma pratique médicale, j'ai été appelé pour combattre les différents cas d'empoisonnement que je cite dans ce travail. Je ne ferai donc qu'indiquer ce qui m'a le mieux réussi.

Indépendamment des soins généraux, toujours efficaces, si on ne perd pas de temps pour les administrer, je recommande, comme m'ayant été constamment utiles pour combattre la maladie produite par la quantité toxique introduite dans l'économie, les médicaments homœopathiques indiqués à la fin de chaque traitement. Souvent le meilleur remède contre ces effets dynamiques est la substance toxique elle-même *dynamisée*[1], c'est-à-dire préparée d'après la méthode de Hahnemann.

Ces médicaments contre l'empoisonnement, contre la maladie aiguë comme contre la maladie épidémique, seront préparés à la 6e dilution, et la dose sera de 1 granule pour une grande cuillerée d'eau. On devra donner par grande cuillerée, à intervalles plus ou moins rapprochés, suivant la violence des symptômes, en ayant soin de bien agiter le liquide médicamenteux chaque fois avant d'administrer la cuillerée.

Les dilutions plus étendues conviennent mieux aux affections chroniques[2].

J'engage toute personne qui a souci de sa santé et de

---

[1] *Le meilleur homœodote d'un remède est son plus proche homœogène*, dit le docteur Granier (*Bibliothèque homœopathique*, n° 330).

[2] Voir notre brochure *Communications cliniques*. Paris, J.-B. Baillière et Fils, 19, rue Hautefeuille.

la vie des siens à se munir de médicaments dans les pharmacies spéciales, afin de ne pas rester désarmée devant le mal.

QUELQUES CAS URGENTS. — PREMIERS SOINS A DONNER.

Abeille.—*Piqûres d'abeilles, de guêpes, d'araignées, de cousins et de moustiques.* — Retirer l'aiguillon de l'abeille ou de la guêpe, sans trop presser, pour ne pas faire pénétrer davantage le venin ; cautériser la plaie avec de l'ammoniaque.

S'il n'y a qu'une simple démangeaison, frotter avec de l'eau de Cologne ou de la teinture d'arnica et quelques gouttes d'ammoniaque.

La guêpe peut butiner sur des cadavres d'animaux en putréfaction et donner le charbon. (*Voy.* article Charbon.)

Acide nitrique. — *Acide azotique, eau forte.*

Effet. — En général, quand un acide se trouve mêlé aux aliments, on en sent immédiatement les effets.

Ils se manifestent par une chaleur brûlante dans la bouche, l'œsophage et l'estomac, qui peu à peu gonfle ; les douleurs deviennent bientôt très-vives, puis il survient des vomissements sanguinolents et acides qui font effervescence en tombant sur le sol : hoquet, frisson, tremblement et agitation, pouls vite et petit, soif et violente douleur en avalant ; le gosier se resserre, la bouche et la langue sont brûlées ; enfin les muqueuses se détachent par lambeaux, le malade s'affaiblit et la mort peut arriver en quelques heures.

L'acide nitrique, en particulier, laisse dans la bouche

des taches d'un blanc mat, jaunit les dents, et toujours on remarque des taches jaunes sur les mains et le menton.

Traitement. — Il sera le même pour tous les acides. On fait avaler une grande quantité d'eau chaude et on chatouille la luette pour déterminer les vomissements ; puis on administre 30 grammes de *magnésie calcinée* délayée dans 1 litre d'eau ; on en prendra un verre toutes les cinq ou dix minutes.

A défaut de *magnésie calcinée*, on fera dissoudre dans un litre d'eau 15 grammes de savon de Marseille.

La craie ou blanc d'Espagne, délayée dans du lait ou de l'eau, peut être utile.

Le lait, l'huile peuvent servir.

L'eau alcaline de Vichy est une excellente boisson.

Le *camphre* homœopathique calmera les effets dynamiques.

Bouillons de veau ou de poulet.

Aconit. — Belle plante souvent cultivée dans nos jardins, à cause de sa jolie fleur bleue ; ses feuilles profondément incisées peuvent être mêlées à des feuilles de salade et produire un empoisonnement.

Effets. — Quelques heures après l'ingestion des feuilles, sueurs froides, prostration des forces, gêne de la respiration qui va jusqu'à la suffocation, mouvements convulsifs des membres, vomissements, stupeur, froid cadavéreux, face congestionnée et mort par apoplexie.

Traitement. — Il faut à l'instant faire vomir, soit en titillant la luette, soit au moyen de 10 centigrammes d'*émétique* et 1 gramme de poudre d'ipécacuanha dans un verre d'eau chaude.

Si déjà les feuilles vénéneuses étaient dans le tube intestinal, on ajoutera aux 10 centigrammes d'émétique, 30 grammes de *sulfate de magnésie* et un lavement purgatif.

Après les vomissements seulement, on détruira l'effet toxique avec de l'eau vinaigrée, et même du vin, et on calmera les douleurs que produit l'inflammation de l'estomac par des cataplasmes ou des compresses de plantes émollientes.

On fera prendre au malade des infusions adoucissantes : tilleul, mauve; du bouillon de poulet ou de veau, des blancs d'œufs battus avec de l'eau, ou *eau albumineuse*.

Le médicament sera l'*aconit* homœopathique à la 6e, comme nous l'avons dit.

Alcool. — *Ivresse*. — Huit ou dix gouttes d'ammoniaque dans un verre d'eau sucrée.

Le sucre en morceaux a la propriété de retarder l'absorption de l'alcool.

Quelques granules de *noix vomique* dissous dans un verre d'eau combattent les désordres produits par l'ivresse.

Si le malade est jeté dans la torpeur congestive de l'ivresse, il faut, après avoir débarrassé l'estomac par le vomissement, administrer *opium* toujours à la 6e et globule par cuillerée d'eau. On en donnera une grande cuillerée toutes les deux ou trois heures.

Angines. — Toute inflammation de la gorge doit être observée soigneusement.

Un refroidissement peut amener une inflammation des amygdales et de l'arrière-gorge. Alors la déglutition est pénible, la voix nasonne, le malade ne peut ouvrir la bouche, il a une salivation abondante, quelquefois fétide; la langue est chargée d'un enduit jaunâtre.

Vers le neuvième jour, un abcès crève et le soulagement est immédiat.

Traitement. — Au début, on peut enrayer cette inflammation avec *aconit* et *belladone* alternativement.

Mercure soluble. — Quand la salivation commence et qu'il y a crainte d'abcès, ce médicament active la formation de l'abcès.

Angine *couenneuse.* — On ne remarque d'abord qu'une simple rougeur dans la gorge, puis la voix s'altère, et il se forme sur la luette et les amygdales des plaques blanchâtres et nacrées qui peuvent s'étendre du côté du larynx.

Quand on cautérise, cette plaque nacrée s'oppose à l'effet du caustique. Il vaut mieux projeter fortement dans la gorge, au moyen d'un irrigateur, ou d'un pulvérisateur, de l'eau fortement chargée de vinaigre phénique.

Les médicaments qui ont donné les meilleurs résultats sont :

Bromure de potassium, qui, d'après les expériences du docteur Ozanam, fait dissoudre les fausses membranes, et avec lequel j'ai guéri plusieurs angines couenneuses graves ;

Cyanure de mercure qui m'a également été très-utile sur des sujets syphilitiques ;

Bryone, d'après les indications du docteur Curie.

Il est important de soutenir les forces du malade ; il ne faut pas cesser le bouillon de poulet ; il faut même donner du vin de Malaga pur ou mêlé à du jaune d'œuf. Il faut tout faire enfin pour éviter cette paralysie partielle qui arrive si souvent après la maladie et qui met encore la vie en danger.

J'en ai eu un exemple terrible dans ma clientèle, cette paralysie s'étant tout à coup portée sur les poumons au moment des joies de toute une famille.

Anthrax. — Inflammation d'une plus grande partie du tissu cellulaire que le *clou*, il forme la réunion de plusieurs *clous* et s'ouvre par plusieurs ouvertures.

On peut le faire avorter au moyen du collodion élastique *arniqué*.

Le débridement conseillé par les uns et condamné par les autres calme cependant la douleur comme pour les *panaris*.

Arsenic, s'il y a crainte pour la gangrène.

Silice, pour faciliter la cicatrisation.

Foie de soufre, pendant la maladie.

Apoplexie. — Si une attaque vient inopinément, il faut avant l'arrivée du médecin enlever toute ligature pour mettre le malade à l'aise, le coucher la tête et le corps soulevés.

On appliquera sur le front et toute la tête des compresses imbibées *d'eau froide arniquée*, qu'on renouvellera souvent ; on fera des frictions sur les membres avec de la *teinture d'arnica ;* on mettra des sinapismes aux chevilles et aux poignets, et on administrera un lavement dans lequel on mettra une grande cuillerée de *sel gris*.

Si l'accident est arrivé après le repas, on fera vomir en chatouillant la luette.

Si le malade ne peut rien avaler, on lui mettra dans la bouche quelques granules *d'aconit*. On pourrait même lui en faire prendre en lavement après l'administration du sel [1].

Dans ce cas extrême on doit ouvrir la veine pour donner, s'il est possible, un cours au sang.

En cas de menace d'attaque, on ferait prudemment de prendre le soir en se couchant une ou deux gouttes de *teinture d'aconit* dans un demi-verre d'eau sucrée.

Arsénic. — *Acide arsénieux. Mort aux rats. Mort aux mouches.* — L'acide arsénieux se vend dans le commerce sous forme de poudre blanche qui ressemble à la poudre d'alun.

Effets. — Quand de cette poudre a été mêlée aux aliments, il survient bientôt des crachotements, de la constriction au pharynx ; les dents sont agacées ; les vomissements ne viennent que cinq ou six heures après l'empoisonnement.

Les matières vomies sont muqueuses ou bilieuses, quelquefois il s'y mêle du sang ; défaillance, brûlure dans l'estomac, soif intense ; mais le malade ne peut supporter les boissons. Coliques avec déjections noirâtres et fétides, pouls rapide, quelquefois intermittent ; respiration gênée, chaleur vive sur tout le corps et sueur, boutons d'urticaire sur la peau et même des pustules, urine rare et rouge ; puis convulsions et mort.

[1] Voir notre brochure *Conseils aux personnes menacées d'apoplexie.*

Si la dose a été forte, le malade prend l'aspect d'un cholérique et peut être foudroyé. Les vomissements dans ce cas viennent coup sur coup et donnent de telles convulsions au diaphragme que les contractions de ce muscle déterminent l'asphyxie. J'ai souvent observé cet effet sur des chiens et des lapins.

Traitement. — Délayer de l'*hydrate de peroxyde de fer gélatineux* dans de l'eau tiède et en gorger le malade. A défaut de l'*hydrate de peroxyde de fer* qui est le meilleur antidote si on l'administre à temps, il faut se servir de *rouille de fer* qu'on mêle également à l'eau. On pourrait aussi faire *rougir un morceau de fer* à plusieurs reprises et chaque fois le plonger dans l'eau pour obtenir de l'oxyde de fer.

L'oxyde de fer forme avec *l'acide arsénieux* un *arséniate de fer* qui étant insoluble est inoffensif.

La *magnésie calcinée*, 30 grammes dans 1 litre d'eau, pourra être très-utile.

On renouvellera les vomissements et l'ingestion de ces substances autant qu'on pourra.

Puis il faudra calmer l'irritation de l'estomac par les boissons émollientes indiquées pour l'*acide nitrique;* on fera bien d'ajouter du *laudanum*, de quatre à six gouttes pour un verre.

Veratrum et *arsenic:* dynamisés combattent les suites funestes de cet empoisonnement.

ASPHYXIE. — L'asphyxie peut être produite par la *submersion*, la *foudre*, le *froid*, la *chaleur*, la *strangulation* et les gaz méphitiques des *fosses d'aisance* ou des émanations qui se produisent par la *combustion du charbon;* ce qui est fréquent avec les poêles en fonte

Traitement. — Il faut avant toute chose porter l'asphyxié à l'air ; le déshabiller et l'asseoir sur une chaise en lui faisant maintenir la tête droite.

On lui jettera avec soin de l'eau sur la figure et sur tout le corps ; une douche le long de la colonne vertébrale est très-efficace. Il faudra continuer ces affusions longtemps, et de temps en temps on devra ramener la respiration en comprimant à plusieurs reprises et alternativement la poitrine et le ventre de manière à faire le soufflet. On fera aussi des insufflations d'air dans les poumons avec la bouche ou un soufflet.

On facilitera les vomissements si le malade en manifeste le besoin.

On fera boire de l'infusion de *fleurs d'arnica* avec un peu d'eau-de-vie ; on donnera un lavement avec de l'eau de savon et on couchera le malade. .

BELLADONE. — Le fruit de cette plante arrivé à maturité ressemble pour les enfants à une petite cerise et peut causer de graves accidents, comme je l'ai dit ailleurs (*Conseils aux apoplectiques.* Baillière, 19, rue Hautefeuille).

Effet. — Pesanteur de tête, engourdissement, somnolence, regard hébété, délire et quelquefois convulsions, soif et impossibilité d'avaler, sécheresse de la bouche et violentes contractions de la gorge, du pharynx et du larynx.

Traitement. — Le traitement de l'empoisonnement à la *belladone* sera le même que celui par de l'*aconit*.

Mais notre école a trouvé que le plus puissant antidote de la *belladone* était l'*opium* dont les symptômes s'en rapprochent beaucoup. Cette vérité est parfaitement reconnue par l'école classique. Voici une observation qui le prouve ; elle est prise dans l'*Union médicale*, numéro du 6 août.

« Un cas d'empoisonnement par le *sulfate d'atropine* a été combattu avec succès par des injections hypodermiques d'*hydro-chlorate de morphine*. »

Un mémoire de M. le docteur Teste, intitulé : Loi THÉRAPEUTIQUE COMPLÉMENTAIRE DU SIMILIA SIMILIBUS CURANTUR, lu à notre dernier congrès, me fournit un exemple si complet de cette opinion que je tiens à rapporter textuellement l'observation de ce médecin sur un cas d'empoisonnement par des feuilles de *belladone*.

« Le 22 mai 1865, entre cinq et six heures de l'après midi, quatorze jeunes filles, dans une communauté dont je suis le médecin, s'empoisonnaient avec une décoction de feuilles de belladone, prises pour des feuilles de chicorée sauvage. Dire comment avait eu lieu cette méprise, comment cette botte de belladone s'était si malencontreusement trouvée là, serait une digression inutile. On avait, je crois, ajouté du bois de réglisse à cette fausse chicorée : c'était une tisane *rafraîchissante* qu'on avait eu l'intention de préparer aux filles de l'ouvroir qui, par une journée exceptionnellement chaude pour la saison, s'étaient plaintes de la soif. Elles la burent froide, et ne la trouvèrent pas bonne ; mais leur soif augmentant à mesure qu'elles en buvaient, presque toutes en avalèrent plusieurs tasses. A cela près de cette soif dévorante, de vertiges, du trouble de la vue, que toutes éprouvèrent bientôt, et d'une sorte d'apoplexie cérébrale dont fut frappée l'une d'entre elles qui s'affaissa sur elle-même et demeura sans connaissance, je ne sus que peu de chose des premiers symptômes qui révélèrent l'empoisonnement. On ne me fit appeler que lorsque ces symptômes eurent acquis un caractère alarmant, de telle sorte que ce fut seulement vers les dix heures que j'arrivai au couvent où je fus alors témoin d'un spectacle étrange.

« A l'exception d'une quinzaine de religieuses, effarées, hors d'elles-mêmes et courant d'un lit à l'autre sans trop savoir ce qu'elles faisaient, tout le monde (c'est-à-dire cinquante jeunes filles) était couché dans le dortoir, où personne d'ailleurs ne dormait... du moins d'un vrai sommeil. Ce qui me frappa d'abord, lorsque j'y entrai, ce fut une sorte de clapotement qui, avec de courts intervalles de silence, partant de différents points du vaste galetas, dominait les chuchotements des religieuses et les frôlements des robes de bure. Comme je demandai d'où venait ce bruit singulier : « Ce sont elles, me répondit-on, ce sont nos pauvres malades. » En effet, je m'approchai de leurs lits, qu'on me désigna, et je vis au mouvement automatique de leurs lèvres ou plutôt de leurs mâchoires qui s'écartaient et se rapprochaient bruyamment, qu'une horrible sécheresse de la bouche les tourmentait sans qu'elles en eussent conscience, car toutes, à l'exception de deux, dont je parlerai bientôt, étaient sans connaissance et plongées dans une sorte de coma accompagné de rêvasseries à peu près incessantes. Elles avaient la peau chaude et sèche, le pouls d'une fréquence médiocre, le visage rouge, les yeux injectés, les pupilles très-dilatées et insensibles à la lumière, le col sensiblement gonflé. Elles ne répondaient point aux questions qu'on leur adressait.

Seulement lorsqu'on leur parlait en les secouant ou même seulement en élevant fortement la voix, elles semblaient un instant prêter quelque attention, puis retombaient dans leurs rêvasseries. Je ne constatai chez aucune des taches à la peau. Mais toutes, lorsqu'on leur pressait, même assez légèrement, l'abdomen, surtout, m'a-t-il semblé, les régions correspondantes aux ovaires, donnaient des signes évidents de sensibilité. Deux ou trois avaient uriné dans leur lit.

« Une heure avant mon arrivée, on avait provisoirement réclamé l'assistance d'un pharmacien du voisinage. Celui-ci, ayant reconnu la belladone dans la plante qu'on avait prise pour de la chicorée sauvage, avait conseillé le café fort et pris en abondance. Plusieurs des malades qui, nonobstant une notable constriction de la gorge, buvaient avidement et avec moins de difficulté qu'on aurait pu le croire, en avaient, en conséquence, avalé plusieurs tasses. Mais dans la confusion où l'on était, la répartition avait été mal faite, si bien qu'il ne s'était pas trouvé de café pour tout le monde, et qu'à mon arrivée, cinq des malades, ce dont je fus charmé, n'en avaient pas pris encore. Je m'empresse, au reste, d'ajouter que celles qui en avaient pris n'étaient pas sensiblement mieux que les autres. Néanmoins, je conseillai pour celles-là la continuation du café jusqu'à cinq heures du matin, heure à laquelle il serait remplacé par de l'eau vinaigrée. Quant aux cinq autres, je me réservais de les traiter autrement.

« Assurément je n'étais pas sans quelque inquiétude sur le compte de ces jeunes filles, d'autant plus qu'il m'était impossible de savoir au juste quelle quantité de poison avait avalé chacune d'elles. Toutefois, comme je me rappelais avoir donné des soins, dix ou douze ans auparavant, à un négociant de ma ville natale, qui, par suite de l'erreur d'un pharmacien, avait avalé en quelques heures 55 centigrammes d'*extrait de belladone,* et qui, en fin de compte, n'en était pas mort, ce souvenir me rassurait un peu.

« En conséquence :

« Me fondant, d'une part, sur cette vérité aujourd'hui généralement admise, à savoir que l'*opium* est le plus sûr antidote de la *belladone* (vérité que les allopathes eux-mêmes ont été forcés de reconnaître, bien qu'elle bouleversât totalement leur doctrine), et convaincu, d'autre part, de la puissance des infinitésimaux, toutes les fois qu'il s'agit uniquement d'un trouble dynamique, quelle qu'en soit la cause, miasme pestilentiel ou poison diffusible, je n'hésitai point à faire à mes cinq empoisonnées la prescription suivante, qui fut immédiatement exécutée à la pharmacie du couvent :

Opium 3ᵉ, 10 gouttes pour 200 grammes d'eau commune. A prendre par cuillerées à bouche de quart d'heure en quart d'heure jusqu'à minuit, et depuis minuit, d'heure en heure seulement s'il y avait amélioration, *et pas autre chose !...*

« Cependant, pour me mettre en règle avec ma conscience et au besoin avec tout le monde, je recommandai expressément que, dans le cas où après deux heures d'usage de l'*opium dynamisé* il n'y aurait pas de mieux sensible, on le cessât pour administrer aux cinq malades, ainsi qu'à leurs compagnes, le café coup sur coup d'abord, et plus tard l'eau vinaigrée.

« Il faut bien que j'en convienne : je dormis peu cette

nuit-là ; j'étais inquiet, et ce ne fut pas sans éprouver une certaine anxiété que le lendemain je revins au couvent, vers huit heures du matin. Mais quelques mots de la supérieure, qui m'attendait dans la cour, dissipèrent bientôt mes craintes. L'*opium* avait réussi au delà de mes espérances. Cinq de mes malades, celles qui avaient pris la potion, avaient recouvré la connaissance et la vue assez longtemps avant minuit, et depuis, elles avaient dormi d'un sommeil si paisible qu'on s'était abstenu (ce que je blâmai pourtant) de leur faire continuer l'o- *pium*. Toutes les cinq paraissent étonnées de me voir au couvent de si bonne heure, car elles ne se rappelaient nullement ma visite de la veille, et ne semblaient avoir qu'un souvenir confus de tout ce qui s'était passé. *Quant à celles qui avaient pris du café toute la soirée et de l'eau vinaigrée toute la nuit, elles étaient encore très-malades. A la vérité, elles ne déliraient plus que par intervalles ; mais elles se plaignaient de vertiges et d'une grande pesanteur de tête accompagnée de sourds élancements ; les yeux, qui chez les cinq autres avaient repris leur aspect normal, étaient encore chez elles fortement injectés et ne supportaient point la lu- mière ; elles ne distinguaient que vaguement et eurent toutes les peines du monde à me reconnaître ; une d'elles avait vomi plusieurs fois pendant la nuit, une autre avait eu vers le matin plusieurs selles diarrhéiques, toutes enfin accusaient de la douleur à l'estomac et un assez fort mal de gorge.* Je leur prescrivis alors *opium* 3e, par cuillerée de quart d'heure en quart d'heure, ET TOUS LES SYMPTÔMES QUE JE VIENS D'ÉNONCER SE DISSIPÈRENT EN QUELQUES HEURES.

« Il me reste maintenant à parler des deux jeunes

filles qui, ayant bu de la décoction de *belladone* tout autant qu'en avaient bu leurs compagnes, n'en avaient cependant presque rien éprouvé. Je les questionnai avec
insistance le 22 au soir et le 23 au matin, et voici ce que
j'en appris. L'une était atteinte d'une *blépharite aiguë*
pour laquelle on devait me consulter le lendemain, et
qui se trouva guérie le jour d'ensuite. L'autre souffrait
depuis longtemps d'une sorte de *gastralgie* que j'avais
inutilement traitée, pendant plusieurs mois, avec *nux,*
causticum, solubilis, etc., et dont les accès à dater de ce
jour ne se reproduisirent plus. Ces deux filles qui avaient
bu, l'une deux tasses, l'autre trois tasses de décoction de
belladone, n'en avaient ressenti qu'un peu de pesanteur
de tête, de la soif et un léger trouble de la vue. J'ajoute
qu'elles n'avaient point dormi pendant la nuit du 22 au
23 ; mais la crainte d'être empoisonnées était peut-être
entrée pour beaucoup dans la cause de cette insomnie.

« Le 24 mai, toutes nos malades allaient très-bien et
avaient repris leurs occupations habituelles ; le 25, elles
allaient mieux encore. Mais le 26, phénomène bizarre !
à cinq heures du soir (heure à laquelle, trois jours auparavant, elles s'étaient empoisonnées), elles furent reprises subitement de vertiges et de cécité. La religieuse
chargée de la pharmacie leur administra alors de son chef
la potion d'*opium* 3e que j'avais prescrite le 22, et tout
rentra immédiatement dans l'ordre.

« Inutile, je pense, d'insister sur l'importance des faits
qui précèdent. Aussi me suis-je efforcé de les reproduire
sur des animaux. Malheureusement je ne tardai point à
découvrir que les animaux dont je me servais pour mes
expériences (poules, lapins, grenouilles) étaient insensibles à l'action de la belladone, même à doses exces-

sives : découverte qui fut pour moi une poignante déception, attendu qu'elle m'ôtait les moyens de démontrer, comme j'avais espéré le faire, d'une manière péremptoire et sans réplique, l'action des doses infinitésimales. Au surplus, c'est là une question que je suis loin d'avoir définitivement abandonnée. »

BLESSURES. — *Contusion, coupures, plaies, fractures, luxation.*

Contusion. — Appliquer des compresses *d'eau arniquée* (une cuillerée de *teinture d'arnica* dans un grand verre d'eau), maintenir ces compresses toujours froides.

Coupure et plaie. — Si dans une coupure, une artère est lésée, le jet de sang sort par saccade et il est d'un rouge vermeil.

Si c'est une veine, le sang est noir et il tombe en nappe.

Il importe, dans le premier cas d'arrêter rapidement l'hémorrhagie ; pour cela, il faut de suite rapprocher les bords de la plaie et y appliquer un tampon de charpie ou de ouate de coton imbibé de *perchlorure de fer.* Quand la lésion a lieu sur une partie du corps où une pression peut se pratiquer, il faut l'exercer à l'instant. — Sur la tempe ; il suffit de la pression d'un seul doigt, — sur le pli du bras, du pouce, et sur le pli de la cuisse des cinq doigts réunis.

Cette compression de l'artère doit être maintenue assez longtemps.

L'hémorrhagie du sang veineux s'arrête facilement au moyen du *perchlorure de fer.*

Il faut maintenir rapprochées les lèvres de la plaie au moyen de bandelettes de diachilon, placées en croix, ou de taffetas dit d'Angleterre.

Si la plaie est d'une certaine importance et doit suppurer, on appliquera sur cet appareil un plumasseau de charpie imbibé avec du *baume du commandeur* et de la *teinture d'arnica* ou de *l'eau arniquée*, puis une compresse et une bande pour maintenir le tout.

Fracture et luxation. — Il faut asseoir le blessé sur un tabouret afin de ne pas être gêné pour le débarrasser facilement de ses vêtements, en évitant les secousses.

Le coucher ensuite de manière à ce que le membre affecté soit soutenu par un ou plusieurs coussins en crins ou mieux en balle d'avoine. On couvrira la partie malade avec des compresses trempées d'eau arniquée, et on assurera l'immobilité du membre, au moyen d'un drap plié en cravate qui le croisera à sa partie moyenne et dont les deux bouts seront attachés aux barreaux du lit.

On pourra ainsi attendre le chirurgien.

Brûlures. — Si les vêtements sont collés sur les brûlures, il faudra les enlever avec la plus grande précaution pour ne pas déchirer les plaies. On plongera la partie brûlée dans un bain d'eau froide dans laquelle on mettra de la *teinture d'arnica* : on l'y maintiendra pendant au moins une heure, puis on appliquera un mélange de *blanc d'œuf* et d'*huile d'olives* bien battus, et on couvrira avec de la ouate de coton ; plus tard on

remplacera l'huile et le blanc d'œuf par le liniment suivant :

Eau de chaux,.	18 grammes.
Huile d'amandes douces.	
Glycérine..	60 grammes.
Laudanum de Sydenham.	20 gouttes.
Teintures de cantharides.	10 gouttes.

Il n'est pas de médicament plus efficace que la *cantharide* homœopathique, pour combattre les effets dé-
sastreux des brûlures.

Quelques globules dans un verre d'eau : on en prend
une grande cuillerée toutes les deux ou trois heures.

Si la brûlure a atteint profondément les doigts, il faudra les séparer au moyen de ouate de coton trempée
dans le liniment.

CANTHARIDES. — Ce coléoptère se trouve principalement sur le frêne ; on trouve la cantharide dans le commerce en poudre grisâtre, dans laquelle on remarque
des parcelles d'un vert brillant produites par les ailes.
Son odeur est d'une fadeur caractéristique.

Effet. — L'action de la *cantharide* se porte principalement sur la vessie, qu'elle irrite au point de faire uri-
ner le sang, et sur les organes génitaux en produisant
un éréthisme quelquefois très-douloureux.

La mort peut survenir par la gangrène de ces organes.

Traitement. — Après avoir fait vomir, on fera boire
du sirop d'orgeat avec de l'eau de son ou du lait d'a-
mandes, de la décoction de pavot avec 4 ou 6 gouttes
de *laudanum.* On couvrira l'estomac et le ventre avec
des compresses en flanelle imbibées d'une décoction

épaisse de racine de guimauve et de pavot. On frictionnera les cuisses avec de l'huile ou de la pommade
camphrée.

Camphre dynamisé à la 6ᵉ par gorgée de temps en
temps.

CÉPHALALGIE. — *Migraine*.

Traitement. —Repos et obscurité; les meilleurs médicaments sont le *café* dynamisé, quand la douleur se
manifeste le matin au réveil.

La *noix vomique*, si les douleurs sont provoquées
par la constipation ou des digestions pénibles.

La *coque du Levant*, si on éprouve des nausées et
des vertiges comme dans le mal de mer.

CHAMPIGNONS. — Les champignons bons à manger se
trouvent dans les bois découverts, sur les lisières de ces
bois, dans les friches gazonnées, et généralement sur les
parties du sol exposées au soleil ; ils ont l'odeur pure
dite du champignon ; leur chair est cassante, et il faut
les récolter avant leur complet développement.

Le champignon vénéneux se reconnaît aux conditions
suivantes : On les rencontre dans les bois couverts et humides, sur des matières organiques ou décomposées, de
vieux troncs d'arbres. Leur odeur est infecte, leur
saveur amère et leur cassure molle devient laiteuse et
verdit à l'air.

Nous ne connaissons pas les conditions intimes qui
développent le principe toxique du champignon, puis-
qu'on en trouve de vénéneux dans les genres contenant
les meilleures espèces. On a vu des empoisonnements
déterminés par la douce morille.

L'expérience a démontré que ce principe toxique est soluble dans l'eau vinaigrée et l'eau salée.

Il est donc prudent, si on veut conserver des champignons, de leur faire subir la préparation suivante :

On coupe le champignon en morceaux de médiocre grosseur, on les laisse macérer pendant quelques heures dans de l'eau vinaigrée. — Pour 500 grammes de champignons, il suffit d'un litre d'eau avec quatre cuillerées de vinaigre.

Puis on lave plusieurs fois à grande eau ; on reprend ensuite par de l'eau salée, quatre cuillerées de sel pour un litre d'eau ; on fait une nouvelle macération et on lave encore. Par cette préparation, tout champignon peut être mangé sans danger ; mais l'eau vinaigrée de la première macération est un poison violent.

Comme tout dans la nature, le champignon vénéneux a son utilité ; il purifie l'air des bois très-couverts et très-humides en absorbant des quantités prodigieuses de gaz azote et de gaz acide carbonique pour mettre l'oxygène en liberté.

Effet. — C'est en général plusieurs heures après avoir mangé des champignons que les effets délétères se manifestent, par des douleurs d'estomac et des coliques, de la diarrhée et des sueurs froides, soif inextinguible et violente chaleur sur le ventre. La respiration est gênée, le pouls devient petit, des convulsions et des défaillances précèdent la mort.

Traitement. — On purgera et on fera vomir en même temps au moyen de 30 grammes de *sulfate de magnésie* et 10 centigrammes *d'émétique* dans un verre d'eau chaude. — On administrera des boissons calmantes après, avec de l'infusion de fleurs de tilleul et de feuilles d'orangers, dans laquelle on mettra de 6 à 10 gouttes d'éther par tasse.

On mettra le malade dans un bain, puis on appliquera des cataplasmes émollients sur le ventre.

Aconit, d'abord pour calmer les accidents inflammatoires.

Noix vomique, combattra avec succès les accidents de l'estomac.

Agaricus muscurius, dynamisé contre les effets dynamiques ou secondaires.

CHARBON. — Affection purulente ou virulente. Il peut provenir de la piqûre d'une mouche, dont le dard s'est empoisonné dans le pus d'un cadavre d'animal, et altérer profondément le sang.

Une quantité bien infinitésimale suffit pour anéantir la vie, ainsi que l'a prouvé M. le docteur Davaine en inoculant de petits animaux, au moyen de la seringue Pravaz, avec du sang charbonneux dilué au *millionième*[1].

Effet. — La partie piquée rougit et se boursoufle, il se forme une bosselure qui, de rouge et enflammée d'abord, crève ensuite et laisse voir dans son intérieur une masse de tissu infiltré de sang qu'on nomme bourbillon. D'après les expériences microscopiques de M. Raimbert, le pus qui sort de la pustule maligne contient toujours des bactéridies.

[1] *Rapport à l'Académie de médecine*, le 15 septembre : Devant un effet semblable à un millionième de grain, devant l'action des virus, l'empoisonnement par les miasmes, les syncopes déterminées par l'odeur du musc, de l'essence de roses ou de la violette, il est difficile de nier l'action des doses infinitésimales, action qui a pour garantie, depuis soixante ans, l'honorabilité d'un si grand nombre de médecins.

Le bouton charbonneux prend un aspect noirâtre, la fièvre augmente et fait place à une atonie de mauvais augure.

Traitement. — Cautériser avec la pierre infernale, l'ammoniaque ou l'acide phénique. Laver la plaie avec de l'eau sédative, appliquer des compresses avec une décoction de feuilles de noyer et quelques gouttes de teinture d'arnica.

Faire prendre une ou deux tasses d'infusion de fleurs d'arnica bien chaude et sucrée avec un peu d'eau-de-vie ou de rhum.

Arsenic, contre les accidents gangréneux.

CHIEN ENRAGÉ. — L'animal a un aspect triste et inquiet; il change de place à tout moment et se couche comme s'il tombait; il refuse de manger et de boire, puis le mal faisant des progrès, l'agitation augmente. Il se montre encore attentif, obéit même; mais sa marche est tantôt lente, tantôt rapide, souvent il fuit la maison du maître. Ses yeux, insensiblement, s'enflamment, son regard devient sombre et menaçant; il erre çà et là; les autres chiens le fuient avec des signes de terreur.

Un chien simplement perdu et errant est au contraire poursuivi par les autres chiens.

Le chien enragé porte la tête et les oreilles basses, la queue rentrée entre les cuisses, le train de derrière paraît faible, comme frappé de paralysie, son poil est relevé et sa peau paraît frémissante. Sa langue livide pend hors de la gueule, dont il sort de l'écume et de la bave; c'est dans cet état qu'il se jette sur les animaux et sur l'homme qu'il rencontre.

Une affection spéciale de la gorge altère la voix de l'hydrophobe et empêche la déglutition ; les muqueuses en sont tellement desséchées, qu'on a vu des chiens mordre l'eau malgré l'horreur qu'ils éprouvent pour ce liquide.

Traitement. — Peut-on combattre cet affreux mal ? Oui, dit notre école.

Un grand nombre de cures le prouve. Voyez notre brochure : *Effet du moral*, p. 106 (Baillière, 19, rue Hautefeuille).

Le journal *la Presse* (18 décembre 1864) parle d'une cure opérée par M. le docteur don Alvarès, à Madrid, d'un cas de rage constatée.

La *belladone* et la *stramoine*, comme on le verra à la fin de ce travail, produisent physiologiquement tous les symptômes de la rage, et ce sont les seuls médicaments qui obtiennent des résultats sérieux.

Si donc on était mordu par un chien enragé, il faudrait de suite faciliter la sortie du sang en ouvrant davantage la plaie[1] et la pressant dans tous les sens : il faut même aspirer avec la bouche ou appliquer une ventouse. Pendant qu'on ferait une ligature au-dessus de la partie mordue, on rougirait un morceau de fer pour brûler profondément toute la plaie. Le chasseur devra couvrir cette plaie de poudre et y mettre le feu; on la laverait ensuite avec de l'eau sédative pure, ou à grande eau, ou même avec de l'urine faute de mieux.

Le *nitrate acide de mercure* est un puissant caustique, dont il faudrait se servir si on en avait.

On ferait prendre *belladone* et *stramonium* dynamisés, alternativement toutes les heures une grande cuillerée.

---

[1] L'incision cruciale est le meilleur mode d'opération.

Pendant ce traitement on aura soin d'examiner souvent le frein de la langue et de brûler, dès quelles paraîtront, les petites vésicules qui, dans les premiers jours de l'intoxication rabique, se forment sur les parties latérales.

Ciguë. — Cette plante, d'une odeur fort désagréable, peut être confondue avec le cerfeuil et le persil. Elle se trouve dans les jardins incultes, dans les champs et sur les bords des fossés.

Effet. — Quelque temps après en avoir mangé, les sensations deviennent obtuses, la susceptibilité morale est excitée. Au moment de s'endormir on est tourmenté par des mouvements convulsifs, la figure devient bleuâtre et la respiration difficile : on éprouve des douleurs de tête avec vertige ; le pouls est rapide et petit.

Traitement. — Il sera le même que celui de l'aconit.

Ciguë homœopathique à la 6ᵉ dilution, combattra les effets secondaires.

Coliques. — La *colique hépatique* se manifeste par de violentes douleurs dans le flanc droit. Ces douleurs se ramifient jusqu'à l'estomac, le dos et l'épaule. La face devient terreuse et des vomissements bilieux se succèdent.

C'est un calcul qui doit être rejeté.

Un bain, des ventouses sèches sur la partie douloureuse et le chloroforme calment ces douleurs.

Colique de miserere. — C'est une invagination de

l'intestin. Le malade éprouve tout à coup sur la partie cor respondante du déplacement une douleur très-vive accompagnée de vomissements et de ballonnement du ventre.

Cette affreuse colique peut survenir à la suite d'un coup sur le ventre, d'un refroidissement, d'un effort, d'une indigestion ou pendant des efforts de vomissement.

Traitement. — *Belladone.* — Contre les vomissements nerveux avec sensibilité du ventre et ballonnement.

Noix vomique. — Quand il y a de la constipation.

Plumbum. — Quand le ventre est dur, qu'on sent des nodosités dures avec de violents mouvements de gaz.

Lavements froids, et appliquer sur le ventre une vessie remplie de glace.

Ipécacuanha, s'il y a vomissement de matières stercorales.

Colique néphrétique. — Douleurs quelquefois très-violentes à la région rénale, frissons. Les urines peuvent être sanguinolentes et le malade se sent soulagé dès qu'il a rendu le calcul cause de sa souffrance.

Le traitement sera le même que celui des coliques hépatiques, mais on calmera l'inflammation qui sera restée au rein et à la vessie au moyen de la *cantharide* dynamisée.

On fera boire de la décoction de feuilles *maïs* ; — des eaux minérales de Vichy et de Contrexéville.

Convulsions. — Mettre le malade hors d'état de se faire du mal, maintenir les mains et les jambes sans violence, dégager le cou, humecter les tempes de temps en temps avec de l'eau fraîche, et donner de petits lavements également avec de l'eau froide.

Chez les enfants, si la convulsion vient d'une longue constipation, il faudrait introduire dans l'anus un petit morceau de savon taillé en cône.

Si elles sont causées par la présence de vers intestinaux, il faut faire prendre un petit lavement avec une infusion de feuilles d'*armoise* et d'*absinthe*. — Une pastille de *santonine* le matin, une pendant la journée et le *zinc* homœopathique pour empêcher le retour.

Si la cause est dans la difficulté de la dentition, une incision de la gencive est le remède souverain.

Si enfin elles sont symptomatiques d'une inflammation du cerveau, on donnera *belladone;* on agira sur les intestins comme dérivatif, et on appliquera des sinapismes aux jambes et aux poignets.

CRACHEMENTS DE SANG. —Que cette hémorrhagie vienne de la poitrine ou de l'estomac, le traitement sera le même.

Traitement. — Faire boire par petite gorgée de l'*eau arniquée* très-froide; on appliquera des sinapismes aux pieds, aux poignets, aux jambes et aux cuisses.

De l'eau glacée avec quelques gouttes de *perchlorure de fer* est un excellent hémostatique.

L'eau de l'Échelle ou l'eau de Brochieri par petite gorgée de temps en temps.

Millefeuille et *arnica* sont les meilleurs médicaments homœopathiques.

Croup. — Dans cette horrible maladie quelquefois la toux, accompagnée d'enrouement, survient tout à coup, tantôt l'enfant se réveille tourmenté par une suffocation imminente. Il est anxieux, se met sur son séant, sa respiration devient précipitée et elle fait entendre ainsi que la toux, un son particulier, qu'on a comparé à la voix d'un jeune coq. Le visage est tantôt rouge, tantôt pâle.

Quelques moments de repos sont suivis d'exacerbations effrayantes, pendant lesquelles la respiration rauque et sifflante se fait violemment entendre; les vomissements et les déjections sont composés de matières épaisses mêlées de membranes.

Si l'accès se prolonge, la respiration se ralentit, les extrémités se refroidissent, le pouls devient plus petit et la mort arrive par strangulation et asphyxie.

Traitement. — Commencer par l'*aconit*, toutes les cinq minutes, et faire vomir avec de la poudre d'ipécacuanha; après les vomissements, donner encore *aconit* et *foie de soufre* alternativement toutes les demi-heures.

Cuivre. —*Verdet, vert-de-gris, casseroles mal étamées.*

Effet. — Peu de temps après le passage du bol alimentaire, on sent dans la bouche un goût métallique et une grande sécheresse.

On éprouve un sentiment de strangulation, des vomissements et une salivation dans laquelle on retrouve du cuivre, tiraillements d'estomac et coliques atroces; les déjections sont fréquentes et quelquefois sanguinolentes; le pouls est petit et fréquent, la soif est ardente, les urines sont rares; hoquets, sueurs froides et mort.

Traitement. — *Eau albumineuse* sucrée; il faut en

gorger le malade. Le sucre a la propriété de décomposer les sels de cuivre et d'en précipiter le cuivre à l'état métallique.

Il faut faire vomir et recommencer l'administration de l'eau sucrée avec deux ou trois blancs d'œufs pour un litre d'eau.

Belladone, comme médicament homœopathique.

Ce traitement m'a permis de conserver à sa famille un agent de change empoisonné par un poisson cuit dans un plat d'argent où on l'avait laissé refroidir.

Datura stramonium. — *Pomme épineuse, herbe aux sorciers.*—Sa tige est rameuse, ses feuilles sont ovales, sa fleur est blanche ou violette; sa capsule ovoïde, de la grosseur d'un œuf, est hérissée de piquants; son odeur est vireuse.

Effet. — Les membres se paralysent, surtout les jambes; violente agitation, convulsions; délire furieux, et la mort vient par congestion au cerveau.

Traitement. — Le même que pour l'*aconit*.

Camphre et *belladone* alternativement toutes les deux heures.

Diarrhée. — *Traitement.* — Éviter les causes, surtout le froid humide; porter une ceinture de laine sur le ventre, boire de l'eau gommée albumineuse sucrée avec du sirop de coing.

Lavements avec une décoction de racine de guimauve, de pavot et six gouttes de laudanum.

Le *sous-nitrate de bismuth* est un très-bon médicament contre la diarrhée chronique; mais comme il agit par une petite quantité d'arsenic qu'il contient le plus souvent, il vaut mieux employer de suite l'*arsenic* dynamisé, surtout si la diarrhée est nocturne et noirâtre.

Veratrum, s'il y a des crampes et des vomissements.

Camomille, s'il y a des gaz et si les coliques sont fréquentes.

Si la diarrhée est sanguinolente et qu'il y ait une grande prostration des forces, ce serait la dysenterie. On donnerait *mercure corrosif* et *ipéca*, alternativement.

Il est une liqueur qui malheureusement n'est pas connue à Paris, la *parégorine de l'Inde*. Je l'ai toujours vue réussir, même dans les diarrhées les plus dangereuses. Une petite cuillerée à café dans un demi-verre d'eau sucrée suffit.

DIGITALE. — Jolie plante assez commune dans les bois sablonneux; sa fleur pourpre ressemble à un doigt de gant.

Je n'ai jamais vu d'aussi belles digitales et en aussi grande quantité que dans les bois de Bérou, près Évreux (Eure).

Effet. — Salivation, vertiges, nausées, tristesse, ralentissement et irrégularité du pouls et des mouvements du cœur, illusions d'optique, cécité, augmentation dans le flux des urines, et quelquefois sueurs.

Traitement. — Le même que celui de l'*aconit*.

Quelques granules de *noix vomique* combattent les effets dynamiques de la *digitale*.

Digitale dynamisée.

Eau de Javelle. — *Chlorure de potasse, poison des blanchisseuses*, qu'on peut reconnaître à l'odeur de chlore qui se répand par la bouche.

Effet. — Douleur de brûlure dans l'estomac, qui se convulse, sueurs froides.

Traitement. — Favoriser les vomissements et donner des boissons mucilagineuses dans lesquelles on mettra une ou deux cuillerées de *magnésie calcinée*, et deux ou trois gouttes d'ammoniaque.

Aconit dynamisé calme l'inflammation.

Émétique. — *Tartrate de potasse et d'antimoine.*

Effet. — Goût métallique, douleur brûlante dans l'estomac, hoquets fréquents, vomissements et selles copieu-
ses, pouls rapide, mais peu sensible; peau froide, convulsions, prostration des forces et mort.

Quelquefois les contractions du diaphragme sont tellement violentes qu'elles déterminent la mort par asphyxie en comprimant les poumons.

Traitement. — Les décoctions de *quinquina*, d'*écorce de chêne* ou de *noix de galle* combattent les effets de l'*émétique ;* le *thé* également.

Puis on administrera des boissons mucilagineuses et albumineuses avec quelques gouttes de laudanum. On appliquera des cataplasmes émollients et laudanisés sur l'estomac.

Ipécacuanha et *coque du Levant* sont les antidotes homœopatiques.

Une jeune personne qui, dans un moment de déses-
poir, était parvenue à se procurer une très-forte dose

d'émétique en s'adressant à plusieurs pharmaciens, s'était empoisonnée, et, malgré sa détermination de mourir, je fus assez heureux pour calmer les symptômes les plus inquiétants en lui faisant avaler une forte infusion de thé avec 2 grammes de tannin. Une application de glace sur l'estomac fit cesser les contractions de cet organe.

Ipécacuanha fit le reste.

ÉPISTAXIS. — Saignement de nez.

Traitement.—Il faut faire asseoir le malade, lui faire tenir la tête droite et le mettre à l'air. On mettra des sinapismes aux jambes et aux poignets.

On fera des applications avec de l'eau *froide arniquée* sur le front.

Un saisissement au moyen d'un corps froid entre les épaules est quelquefois utile, de même que de faire lever les bras. La compression de la carotide, le tamponnement des narines avec une boulette de coton trempée dans de la *teinture d'arnica* pure ou dans du *perchlorure de fer.*

Quinquina homœopathique empêchera le retour.

ÉVANOUISSEMENT.— Quand cette mort apparente n'est pas la conséquence d'une congestion cérébrale.

Traitement.—Il faut étendre le malade dans un lieu frais et lui lancer de l'eau froide à la figure.

Frictionner la région du cœur et les tempes avec de l'eau de Cologne ; on pourra appliquer un sinapisme sur le cœur.

On fera respirer du vinaigre ou de l'ammoniaque.

FIÈVRES ÉRUPTIVES. — Toute maladie éruptive s'annonce par de la lassitude, du dégoût, des maux de tête, de l'enchifrènement, de l'écoulement du nez, de l'irritation des yeux avec grande sensibilité à la lumière, de la fièvre, et enfin l'éruption se manifeste.

Ce sera :

1° La ROUGEOLE, si les taches rouges qui se produisent sont séparées par des intervalles.

Aconit peut servir de préservatif contre la *rougeole*, à peu près comme la *belladone* est le préservatif de la scarlatine.

L'*aconit* sera administré contre la fièvre avec soif, l'inflammation des yeux et des fosses nasales.

Le *bryone*, contre l'irritation des bronches.

2 La *Petite vérole*, si on aperçoit des papules rouges avec une petite élevure au milieu ou bouton vésiculeux, surtout à la face.

Pendant l'incubation de cette maladie, on remarque des frissons suivis de chaleur brûlante.

Ici, comme pour la *fièvre scarlatine* et l'*érysipèle*, la présence du médecin est nécessaire. On pourra toutefois donner l'*aconit* tout d'abord pour diminuer l'intensité de l'inflammation.

Mercure soluble pendant la suppuration des boutons.

3° La *Scarlatine*, si au début, il y a rougeur et douleur aux amygdales, des douleurs de tête et de la fièvre avec délire. Puis l'éruption se manifeste par de larges plaques rouges assez régulières, un peu pointillées, qui deviennent principalement au cou et au visage d'un rouge violacé. Les pieds et les mains se gonflent souvent et la période de sa durée est généralement de 9 jours.

La *belladone* calme ces symptômes quand ils sont trop violents et qu'ils inquiètent.

On devra donner la *belladone* comme préservatif à toutes les personnes qui habitent l'appartement et même la maison où il y a un scarlatineux.

Il peut dans cette maladie survenir des accidents très-graves, angines gangréneuses. Il ne faut donc jamais rester sans les secours de la science.

4° *L'Urticaire*, s'il survient tout à coup des plaques irrégulières, rosées avec des parties blanches faisant une saillie dure au toucher et déterminant des démangeaisons quelquefois insupportables.

Apis mellifera. — Si les tuméfactions sont très-douloureuses.

Rhus toxicodendron. — Si les vésicules sont érysipélateuses.

Arsenicum. — Si l'éruption miliaire est très-brûlante et la douleur plus forte la nuit.

5° *L'Érysipéle*, si à la suite de frissons de fièvre, de vomissement bilieux et d'urines chargées, il survient une plaque dure et rougeâtre avec quelques granulations et limitée par un rebord dur au toucher.

L'érysipèle peut venir aux nouveau-nés, il est peu grave alors.

Une insolation peut l'occasionner et même déterminer des accidents cérébraux graves.

Ici comme pour la *scarlatine*, la *belladone* est le principal médicament, surtout si l'érysipèle est par plaques très-rouges et gonflées. *Hepar sulfur* (foie de soufre).

Si l'érysipèle est vésiculeux et très-sensible au toucher.

J'ajoute à ces différentes fièvres éruptives le PRURIT VULVAIRE qui tourmente affreusement et peut donner de la fièvre.

Ce sont des démangeaisons quelquefois très-violentes à l'approche des règles.

Sulfur ou mieux l'*orpiment* à l'intérieur à la sixième dilution. — Deux ou trois cuillerées par jour [1].

J'ai vu très-bien réussir la pommade suivante :

Sulfocyanure de mercure.	20 centigrammes.
Axonge frais.	20 grammes.

ZONA. — Éruption vésiculeuse herpétique formant une demi-ceinture sur le cou, la poitrine, les reins ou les cuisses, accompagnée de douleurs névralgiques.

Traitement. — Couvrir l'éruption avec du collodion élastique et faire prendre *rhus* et *arsenic :* alternativement.

GALE. — Maladie de la peau éruptive et très-contagieuse, causée par des arachnides connus sous le nom d'*acares* dont le venin infecte très-profondément tout l'organisme.

Son siége est principalement aux mains entre les doigts, aux pieds et partout où la peau est fine ; on

---

[1] Ces médicaments agiront contre les causes vermineuses ou herpétiques. Des affections nerveuses de l'utérus peuvent déterminer des démangeaisons insupportables : une ou deux cautérisations utérines suffisent pour les faire disparaître (*Clinique de l'Hôtel-Dieu*, MM. Noël, Guéneau de Mussy, 8 octobre 1868).

remarque de petits sillons à l'extrémité desquels se tient *l'acarus*.

Il y a de fréquents exemples de maladies très-graves causées par les effets de l'intoxication du virus, ou venin, de cet acarus. Nous en avons cité d'assez sérieux dans notre brochure *Observations cliniques*. Paris, 1861 [1]. Mais, avant nous, avant même des maîtres tels que Autenrieth, Devergie... qui ont donné des exemples de gale répercutée, et M. le docteur Bazin, de l'hospice Saint-Louis. *Leçons sur les maladies de la peau*, qui fait venir la gale d'une maladie herpétique, notre maître à tous, Hahnemann, sans connaître la présence de l'insecte, que le microscope n'a fait découvrir que longtemps après, a déclaré, le premier, que la gale avait un virus des plus dangereux pour la race humaine ; il le démontre dans son *Organon*.

Traitement. — Il faut avant tout détruire *l'acarus scabiei* ; pour cela, on fera une friction générale avec du *savon noir* qu'on gardera pendant une demi-heure. Puis on prendra un bain également pendant une demi-heure.

Au sortir du bain, on frictionnera encore, avec la pommade suivante :

Sous-carbonate de potasse.	1 partie.
Fleur de soufre.	5 —
Saindoux.	30 —

On devra renouveler deux ou trois jours de suite cette opération.

Des frictions avec de l'huile de pétrole un peu étendue d'eau, sont très-puissantes pour détruire *l'acarus* et la plupart des insectes.

[1] J.-B. Baillière et fils, 19, rue Hautefeuille.

Les vêtements devront être passés aux *vapeurs sulfu- reuses* ou mieux détruits.

Le traitement antipsorique homœopathique dont le *soufre* dynamisé est un des meilleurs remèdes, devra être continué longtemps pour désinfecter l'organisme des funestes effets consécutifs qui peuvent se transmettre, à la génération qui suit, sous une forme différente.

Le *saccharure d'huile de foie de morue*[1], dont on fait usage en Angleterre et en Amérique, combat très-énergiquement la diatèse psorique.

Goutte. — Des savants assurent que l'attaque de goutte est causée par l'effort éliminateur d'un organisme trop chargé de principes calcaires et azotés. En tout cas, il convient de calmer la brutalité de cette réhabilitation sanitaire, réaction vitale dont le travail se manifeste par des douleurs atroces qui se terminent souvent par des excrétions plus ou moins abondantes de matières urinaires, sudorales et intestinales.

Pendant l'accès qu'il faut cependant bien un peu respecter, comme toute crise naturelle, je ne connais rien de plus puissant pour calmer la douleur qu'une application de compresses imbibées dans un mélange d'un tiers de *teinture d'arnica* et deux tiers d'eau froide.

Il est bien entendu qu'il n'est ici question que de *l'attaque* et non de l'histoire ni du traitement de la *goutte*.

[1] Trituration saccharine: on en prend une ou deux petites cuillerées à café par jour.

Mais si, par suite de l'arrêt trop brusque de la crise ou encore à la suite d'une violente émotion, la douleur se portait tout à coup au cœur ou sur son enveloppe et que le malade fût pris de suffocations et de syncope, il faudrait la rappeler de suite au siége d'élection au moyen de sinapismes, et appliquer sur la région du cœur des ventouses sèches.

On pourrait faire prendre au malade un peu d'eau-de-vie ou de rhum.

Plus tard, on fixera les accès au moyen de douches excitantes sur les pieds et les jambes.

Il sera nécessaire de suivre un régime sérieux, qui devra être composé d'alimentation peu azotée, d'exercice tous les jours. Le magnifique établissement de M. E. Paz est encombré de goutteux qui sont heureux des effets qu'ils éprouvent de la gymnastique.

Les médicaments homœpathiques sont :

Colchicum, contre les douleurs de déchirement dans les pieds et les orteils la nuit, gonflement chaud des jambes.

Sabine, contre le gonflement rouge et luisant du gros orteil avec douleurs lancinantes.

Pulsatille, gonflement avec chaleur et douleur du dos et de la plante des pieds, — gonflement œdémateux.

Calcarea et *Sulfur* contre l'état chronique.

Les eaux minérales sont *Contrexéville*, *Vichy* et *Karlsbad*.

Le *carbonate de lithine* est très en vogue ; ce sel alcalin aurait la propriété de dissoudre les concrétions tophacées des goutteux [1]..

---

[1] M. le docteur Charrier a obtenu de très-beaux résultats sur d'anciens goutteux avec l'eau de Vichy et le carbonate de lithine.

Haut-mal. — *Épilepsie.* — Éviter que le malade ne se blesse en se débattant, comme il est dit pour les convulsions.

Le médicament qui m'a rendu le plus de services contre cette maladie est la *cynoglose* en teinture de une à six gouttes, dans huit grandes cuillerées d'eau. Je fais prendre deux ou trois cuillerées par jour.

Mais pour un traitement sérieux, qui malheureusement échoue le plus souvent, il faut combattre la diathèse morbide qui le plus souvent est le principe lymphatico-psorique[1].

Hémorrhoïdes. — Quand elles sont gonflées et très-douloureuses, il faut administrer un lavement laxatif, faire des applications froides d'eau ou avec une vessie remplie de glace. Toucher la tumeur avec de l'*eau-forte étendue* pour la contracter.

On pourra appliquer aussi une pommade faite avec 4 grammes de poudre d'*alun* pour 30 grammes de *beurre frais.*

Les médicaments homœopathiques sont : le *poivre de Cayenne* quand les douleurs sont brûlantes et qu'il y a de la diarrhée;

Noix vomique, quand il y a ténesme avec pesanteur et douleur d'excoriation avec démangeaison et constipation.

Phosphore, quand la tumeur hémorrhoïdale est très-grosse.

Soufre, combat la disposition aux hémorrhoïdes.

[1] Ici encore l'antipsorique *saccharure d'huile de foie de morue,* mais ce médicament doit être pris avec persévérance.

On a conseillé de manger du *poivre de Cayenne* frais et beaucoup d'hémorrhoïdaires en ont été sérieusement soulagés.

HERNIE. — Le malade devra être couché sur le dos, les jambes fléchies sur le ventre. On fera des applications de compresses d'eau froide qu'on renouvellera jusqu'à l'arrivée du médecin.

La *noix vomique* fait quelquefois contracter l'intestin et remet tout en place. On en fera prendre 6 ou 8 grandes cuillerées à intervalle d'un quart d'heure.

Ipécacuanha, ccomme pour la colique de miserere.

HOQUET. — Il faut suspendre la respiration le plus longtemps possible. Avaler de petits morceaux de glace. Exercer une pression énergique sur la région de l'estomac pendant une ou deux minutes. On pourra faire sur l'estomac une application d'un sinapisme ou de glace.

Fève de Saint-Ignace (Ignatia amara). Toutes les dix minutes, s'il se joint des crampes au hoquet.

Noix vomique, s'il y a des vomissements...

JUSQUIAME. — Cette plante a un aspect triste, elle est visqueuse au toucher, sa tige est rameuse et velue, ses feuilles cotonneuses sont d'un vert sombre, sa fleur est d'un jaune sale avec des stries de lie de vin.

Effet. — Vertiges et accès de folie, terreurs paniques, sécheresse de la bouche et de la gorge, douleur brûlante de l'estomac et des intestins, sueurs froides, faiblesse, syncope et paralysie des membres.

Traitement.—Le même que pour l'*aconit*...Le *camphre* homœopathique est son antidote; on en fera prendre toutes les deux heures une cuillerée.

LUMBAGO.—Douleur plus ou moins vive dans la région lombaire, qui force quelquefois le malade à se tenir penché en avant. Cette douleur peut survenir subitement.

Traitement.— Le remède le plus rapide est une application de cinq à six ventouses sèches qu'on laisse pendant un quart d'heure sur la partie douloureuse. Un verre à vin de Bordeaux peut servir pour faire une ventouse; on y allume un peu de coton imbibé d'alcool, d'eau-de-vie ou d'eau de Cologne, et on met aussitôt l'ouverture de ce verfe en contact avec la peau.

Un massage gradué est également un excellent moyen pour soulager du lumbago.

Bryone (*bryonia*) est le médicament homœopathique.

LUXATION.—Déplacement d'un os. On agira dans cette circonstance comme pour une fracture, ainsi qu'il a été dit à l'article *blessure.*

MERCURE CORROSIF.— *Sublimé corrosif, bi-chlorure de mercure* (poudre de succession).

Ce sel est un des poisons les plus violents.

De même que l'*acide arsénieux*, il est employé pour la destruction des punaises, pour conserver des peaux, etc.

Effet. — Son ingestion produit immédiatement une

saveur âcre, et développe dans la gorge une si violente inflammation qu'elle s'ulcère rapidement ; les gencives s'enflamment aussi et une abondante salivation se manifeste. Des vomissements et des déjections sanguinolentes se produisent avec de violentes douleurs dans l'estomac. Les mouvements du cœur et du pouls s'affaiblissent, puis la sueur froide et l'insensibilité annoncent la mort.

Traitement. — Ici encore l'*eau albumineuse* est un puissant protecteur contre ce poison véritablement terrible. Quatre blancs d'œufs battus dans un litre d'eau sucrée et quelques gouttes d'eau de fleurs d'oranger forment une boisson qui a la propriété de se combiner dans l'estomac avec le *sublimé*. Les vomissements doivent être facilités, pour que le poison soit rejeté à mesure que la combinaison se produit.

On peut de cette manière sauver le malade avant l'arrivée du médecin.

On calmera l'irritation de l'estomac avec des boissons émollientes et quelques gouttes de laudanum, des cataplasmes laudanisés sur l'épigastre.

Des bouillons de poulet, de veau.

Mercure soluble, contre les effets consécutifs.

MÉTRORRHAGIE. — *Hémorrhagie de la matrice.* — *Pertes.*

Traitement. — Si l'hémorrhagie n'est pas causée par une affection de l'utérus, engorgement, granulations, polypes, etc., il suffira de faire tenir le malade dans une position horizontale, le bassin soulevé, de ne couvrir le bas-ventre que le moins possible, et faire de fréquentes applications d'eau *froide arniquée*. On donnera des injections et des lavements d'eau froide dans laquelle on mettra quelques gouttes de *perchlorure de fer*.

On soutiendra les forces avec du bouillon froid, et on appliquera sur le bas-ventre et les cuisses des vessies remplies de glace.

Seigle ergoté à la sixième dilution, ou mieux à la troisième trituration, par cuillerée d'heure en heure, quand il y a des contractions utérines, est le médicament le plus efficace.

MOULES. — Dans le Calvados, les marins préviennent les baigneurs de ne pas se mettre à l'eau quand la mer en montant apporte de la *crasse*. Cette écume produit sur le corps une irritation qui se manifeste par une éruption d'urticaire tout à fait semblable à celle produite par les moules.

Est-ce cette *crasse* qui, introduite dans la moule, donnerait cette éruption ? Seraient-ce de petites étoiles de mer ou de petits crabes rouges qui se trouvent quelquefois dans les moules ? Ce qui est sûr, c'est que les personnes affectées par ces mollusques en éprouvent une inflammation qui se porte à la peau sous forme d'éruption semblable aux piqûres d'orties, accompagnée de démangeaison brûlante.

Le malade éprouve de violents étouffements ; ses paupières et sa figure deviennent rouges et bouffies ; il éprouve de vives douleurs à l'estomac suivies de vomissements et de diarrhée.

Traitement. — Il faut mettre dans un verre d'eau sucrée quinze ou vingt gouttes d'éther ou d'esprit de cam-

phre qu'on boira par gorgées de temps en temps, après
avoir fait vomir; puis de l'infusion de camomille ou de
tilleul.

Aconit ensuite calmera l'irritation de l'estomac.

MUGUET.—C'est une inflammation qui vient à la bouche des enfants par suite d'un estomac en mauvais état.

Elle se manifeste par de petites concrétions blanches
qui ne sont autres que des champignons de moisissure.

Traitement.—Étendre au moyen d'un pinceau du miel
rosat, dans lequel on aura délayé un tiers d'acide phénique, sur les gencives et la langue.

Le *mercure* homœopathique est le médicament qui guérit cette affection.

NÉVRALGIE.— *Traitement.* —Application sur la partie
douloureuse d'un morceau de ouate de coton imbibé d'é-
ther et choroforme, partie égale; on aura soin de couvrir
ce coton de taffetas ciré.

Aconit contre la névralgie faciale, quand il y a rougeur et sang à la tête.

Camomille, si la névralgie est dentaire.

Noix vomique, si les douleurs partent de l'estomac avec
sensation de brûlure et de contraction, avec nausées ou
vomissement. Un sinapisme sur l'estomac calme souvent
la crise.

Belladone calme la névralgie qui se manifeste par des
secousses douloureuses dans la tête.

Le médecin fera usage de l'électricité ou des injections
sous-cutanées avec quelques gouttes d'une solution de
morphine et d'*atropine*, s'il le juge à propos.

Noyés. — Il faut déshabiller le noyé, lui mettre une chemise de laine, le coucher sur le dos légèrement incliné du côté droit, la tête penchée pour faciliter l'écoulement des liquides. Débarrasser la bouche, le nez et les oreilles des mucosités qui peuvent s'y trouver.

Il ne faut jamais prendre le noyé par les pieds afin de le secouer *pour lui faire rendre l'eau*. Dans mes anciennes excursions nautiques, j'ai plusieurs fois été témoin des effets funestes de cette manière d'opérer.

On réchauffe le malade au moyen de fers ou de briques chauds; on le frictionne avec de la laine à sec d'abord, puis avec de l'eau-de-vie.

Comme pour l'asphyxie, il faut exercer des pressions alternatives sur le ventre et l'estomac; on devra également insuffler de l'air dans les poumons.

Il faut insister longtemps sur ces moyens et ne pas désespérer trop tôt, même si le noyé est resté plus d'une heure sous l'eau et que l'évanouissement dure également depuis plusieurs heures. J'ai vu revenir à la vie un noyé après trois heures de soins très-énergiques, et j'ai fait revenir un chien noyé après cinq heures de syncope.

On donnera un demi-lavement avec une forte cuillerée de sel gris.

Enfin, quand le noyé revient à la vie, il faut le coucher dans un lit chaud et observer son sommeil.

Si la face se congestionne, le réveiller et le traiter comme pour l'apoplexie.

Noix vomique. — On se sert souvent à la campagne de la poudre de *noix vomique* pour tuer les loups et les renards. Cette poudre, étant un poison très-violent pour les animaux carnassiers, est fort dangereuse pour nous-mêmes.

Effet. — Les traits s'altèrent profondément, des convulsions tétaniques surviennent par intervalle ; il y a une raideur très-prononcée dans tous les muscles, et la respiration se suspend par la contraction des muscles de la poitrine, principalement du muscle diaphragme ; aussi la mort est-elle rapidement déterminée par l'asphyxie.

Traitement. — Faire évacuer l'estomac à l'aide de l'émétique et du chatouillement du gosier.

Empêcher l'asphyxie en insufflant de l'air dans les poumons avec persévérance.

Faire des affusions d'eau froide le long de la colonne vertébrale.

Donner de l'eau-de-vie ou du rhum, et enfin combattre l'inflammation de l'estomac avec *aconit* et des boissons émollientes, bouillon de poulet, etc.

(Page 33 de notre brochure, *Conseils aux personnes menacées d'apoplexie.*)

Opium. — *Laudanum.* — *Effet.* — Pris à forte dose, il agit d'abord sur le canal digestif, puis sur le cerveau ; le moral se trouve plus ou moins excité et la circulation accélérée.

On sait que les Turcs prennent de l'opium avant d'aller au combat ; mais bientôt le relâchement et l'atonie des vaisseaux se fait sentir ; ces vaisseaux ne se contractent plus que très-mollement et laissent le sang dans les lobes cérébraux en donnant à la face et aux yeux une rougeur congestive suivie de somnolence comateuse ; diminution du pouls, quelquefois des convulsions et la mort.

Traitement. — La saignée a été souvent appliquée avec succès pendant le coma.

La sortie du sang imprime alors des contractions aux vaisseaux sanguins et permet l'action des médicaments.

Une décoction de *café* ou de *noix de galle* peuvent retarder le moment fatal.

Mais de même que l'*opium* est l'antidote de la *belladone*, de même la *belladone* combat les effets toxiques de l'*opium*.

Après qu'on aura débarrassé le tube digestif par haut et par bas, c'est à la *belladone* qu'il faudra recourir. Toujours à la sixième dilution, globule par cuillerée ; on en donnera toutes les demi-heures une cuillerée.

On facilitera la circulation du sang au moyen de sinapismes, de frictions énergiques et du mouvement forcé.

Ce traitement m'a permis de rendre à la vie un artiste qui avait avalé 25 grammes de laudanum.

OREILLONS. — Inflammation contagieuse des glandes salivaires.

Traitement. — Entretenir la chaleur avec de la ouate, ou mieux avec du suint de laine. Faire de légères frictions avec de la pommade *belladonée* (15 grammes de saindoux pour 4 grammes d'extrait de belladone).

Belladone homœopathique, deux ou trois cuillerées par jour.

PANARIS. — MAL D'AVENTURE. — Le doigt est gonflé, rouge, très-tendu et fort sensible. Les douleurs sourdes, d'abord, deviennent bientôt très-aiguës; il faut alors rapidement débrider au moyen d'une incision.

Foie de soufre (hepar sulfur.).— Puis *silice*, comme pour les *anthrax* et les *clous*.

Pᴇɴᴅᴜs. — Avant toute démarche auprès de la police, il faut couper la corde, éviter des secousses au corps, le débarrasser de tout lien. Faire des frictions et des insufflations comme pour les noyés.

Pʜᴏsᴘʜᴏʀᴇs. — Aʟʟᴜᴍᴇᴛᴛᴇs ᴄʜɪᴍɪǫᴜᴇs. — Ce poison est d'autant plus dangereux, qu'il se trouve entre les mains de tout le monde.

Le crime ou l'imprudence peuvent être cause d'accidents d'autant plus graves, que mêlé aux substances alimentaires, le phosphore des allumettes n'a sur l'organisme qu'une action lente.

Effet. — Il brûle à l'intérieur et agit puissamment sur le système nerveux en excitant les organes génito-urinaires, le pouls devient plus fréquent, les forces musculaires plus grandes, l'urine plus abondante, des désirs vénériens sont éveillés, des vomissements avec des douleurs atroces surviennent, et la mort suit de près.

Traitement. — Avant tout, il faut faire vomir, avec 10 ou 15 centigrammes d'émétique, ou le chatouillement de la luette, puis on gorgera le malade avec de l'eau qu'on aura fait bouillir pour qu'elle ne contienne pas d'air, et dans laquelle on aura délayé 30 grammes de magnésie calcinée par litre. A défaut de magnésie, on se servira d'amidon, ou encore et toujours, de l'*eau albumineuse*.

On se gardera de faire prendre de l'huile, on évitera même les aliments gras : la graisse dissout le phosphore et le porte dans tous les tissus vivants.

On calmera les douleurs d'estomac au moyen de 6 à 8 gouttes de laudanum dans une infusion de fleurs de mauves ou de tilleul, des cataplasmes et des lavements émollients.

Camphre, homœopathique par grandes cuillerées, toutes les deux ou trois heures.

Phosphore, dynamisé également contre les effets secondaires.

PIQURES (Voyez ABEILLES). — Les piqûres, faites par des arêtes ou des nageoires de poisson, s'enflamment facilement et sont très-douloureuses.

Traitement. — Extraire avec soin la partie d'arête restée dans la plaie et appliquer un cataplasme émollient.

Il n'y a rien de vénéneux dans l'arête, il n'y a par conséquent aucun danger.

PISSEMENT DE SANG.—*Hématurie.*—Accident qui peut venir d'applications de vésicatoires, d'un refroidissement, d'exercice immodéré du vélocipède.

Traitement. — *Cantharide*, homœopathique, décoction légère de pavots sucrée avec du sirop d'orgeat.

PLOMB. — L'eau et le vin peuvent être empoisonnés par le plomb.

L'eau peut contenir du *carbonate de plomb*, si elle a séjourné dans des tuyaux ou des réservoirs de plomb.

Le vin contiendra de *l'acétate de plomb*, si des marchands de vin coupables y mettent de la *litharge* (oxyde de plomb).

Cette substance donne au vin un goût douceâtre qui engage l'habitué de cabaret à boire, et sans s'en douter à s'empoisonner.

Effet. — Grande soif, douleur à l'épigastre ; bouffées de chaleur et de sueurs, vomissements, douleurs affreuses de tout le ventre, diarrhée et quelquefois constipation ; convulsions, douleur de pression aux tempes, frissons, grande faiblesse et mort.

Traitement. — Eau albumineuse avec 30 grammes de *sulfate de magnésie* pour un verre, puis on fera vomir ; *limonade sulfurique* sucrée et quelques gouttes de laudanum.

Bouillon aux herbes. — Compresses émollientes sur l'estomac.

Belladone. — Une cuillerée toutes les deux ou trois heures.

Sangsues. — Les bonnes sangsues se reconnaissent à ce qu'elles se retirent sur elles-mêmes en forme d'une olive, si on les prend dans la main ; ou encore, si en versant le liquide qui les contient elles s'attachent rapidement aux parois du vase et ne s'en détachent que difficilement.

Pour les appliquer, il faut laver la place avec de l'eau un peu sucrée et essuyer la sangsue avec un linge sec.

L'application se fait avec un verre à liqueur.

On peut faire tomber la sangsue à volonté, avec un peu de sel qu'on place dessus.

On arrête le sang au moyen de poudre d'amidon, d'alun, une pincée de plâtre, ou une goutte de *perchlorure de fer*.

Scorpion. — Le scorpion est peu dangereux en France, sa taille est à peu près de 25 à 30 millimètres de long ; il est d'un brun noirâtre ; son corps est allongé et formé de petits segments ; sa queue, moins longue que le corps, est composée de six nœuds, elle se termine en pointe, forme de dard à la base duquel se trouvent deux orifices d'où s'écoule la liqueur venimeuse.

Cet animal à de 6 à 8 yeux ; deux plus gros au milieu du dos ; les autres sont placés près des bords latéraux et antérieurs.

Effet. — Après la piqûre on aperçoit une marque rouge qui s'agrandit peu à peu et noircit vers le milieu, en prenant une forme de pustule. Le malade ressent des frissons, de l'engourdissement et un hoquet très-fatigant.

Traitement. — L'ammoniaque, les cataplasmes émollients, de l'*eau-de-vie* dans une tasse d'infusion de *fleurs d'arnica*.

Et s'il reste des suites fâcheuses, *arsenic*, trois ou quatre grandes cuillerées par jour.

Seigle ergoté. — Cette substance est le produit d'une maladie de certaines graminées, plus particulièrement du seigle.

On ignore la cause de cette production, qu'elle vienne de la piqûre d'un insecte, ou que ce soit un champignon ou même un germe de grain qui n'a pas été fécondé : ce qui nous importe ici est de savoir que le pain contenant de l'ergot, offre des taches violettes, que la pâte en a quelquefois la teinte et que son goût est détestable.

Effet. — Les personnes qui par mégarde en mangent éprouvent bientôt une sorte d'engourdissement dans les jambes et les pieds, puis dans les bras et les mains, souvent accompagné de contractions très-douloureuses. Vertiges et même cécité.

Le malade est frappé de tristesse ; sa langue se tuméfie et sa salivation, qui devient abondante, est quelquefois sanguinolente.

Si la dose est forte, on éprouve de la brûlure aux orteils, puis aux jambes qui se refroidissent et deviennent insensibles ; bientôt paraissent des taches violacées, des ampoules et la gangrène qui frappe de mort les membres.

Traitement. — Faire vomir avec de l'émétique et purger en même temps. Entourer les jambes, avec une infusion de plantes aromatiques ; *lavande*, *thym*, *sauge*, *romarin*, à laquelle on ajoutera une forte dose de *teinture d'arnica*. On fera boire de l'infusion de *fleurs d'arnica*, avec de l'*eau-de-vie* ou du *rhum*, 3 ou 4 tasses par jour.

On frictionnera les jambes avec de l'eau *sédative étendue* ou de l'*eau-de-vie de genièvre*.

Quinquina (China) et *Lachesis*, alternativement, toutes les trois ou quatre heures, combattront la gangrène si elle menace.

Camphre homœopathique est un excellent médicament pour combattre les effets du seigle ergoté.

Le *seigle ergoté* lui-même dynamisé contre les effets secondaires.

Suette. — Affection qui se manifeste par de violentes sueurs, la rareté des urines et la constipation.

Vers le troisième jour, il survient une quantité de petits boutons gros comme un grain de mil (suette miliaire).

Traitement. — Il faut aérer la chambre du malade.

On appliquera des serviettes chaudes sur le corps pour le sécher.

Aconit et *rhus*, alternativement, sont les meilleurs médicaments.

Sulfate de zinc. — La ressemblance de ce sel avec le sel de Sedlitz le rend dangereux. On le reconnaît à son goût astringent, le sel de Sedlitz est salé et amer.

Traitement. Boissons émollientes alcalinisées par du *bi-carbonate de soude* ou de la magnésie; puis agir comme pour les acides.

Tabac. — On se sert du tabac en lavement contre les vers souvent sans consulter; une dose un peu trop forte peut cependant tuer.

Effet. — Douleur violente dans le ventre qui se déprime, vomissements et vertiges; la face devient violette et contractée, les yeux fixes, les mouvements du pouls et ceux de la respiration deviennent lents; par moment le malade sent des douleurs violentes qui amènent des mouvements désordonnés comme dans l'ivresse; enfin tremblement général produit par la nicotine et mort.

Traitement. — 30 grammes de *sulfate de magnésie* et

10 centigrammes d'*émétique* dans un verre d'eau chaude.

Du reste, agir comme pour l'empoisonnement par l'*aconit* et donner le *camphre* homœopathique par grande cuillerée chaque deux ou trois heures.

Contre l'empoisonnement lent du fumeur, empoisonnement qui finit par déterminer les maladies les plus graves : le cancer de la langue, des lèvres et de l'estomac, l'anémie, l'ataxie musculaire, la folie et une foule de maladies des centres nerveux, contre ce suicide déplorable, il n'y a qu'un remède, s'abstenir; mais si on y joint l'habitude de l'absinthe, on a droit à une place à Charenton.

Le café, le thé, une décoction de noix de galle peuvent, par leur tannin, détruire en partie les effets de la nicotine.

VIANDES *conservées* et *fumées.* — On a vu assez souvent des empoisonnements par des viandes conservées.

Elles peuvent se couvrir de champignons microscopiques, sans parler de la trichine du porc, et mettre la vie véritablement en danger.

Ainsi agissent les jambons et les boudins fumés, les pâtés de viande, les terrines de cette détestable production de maladie d'oïes ou de canards, *foie gras,* avec ou sans truffes, les boudins blancs, plus dangereux que les autres par la moisissure de la mie de pain qu'ils contiennent; les extraits de viande dont on commence à faire un si grand usage.

Effet. — Ce n'est que plusieurs heures après l'ingestion de ces aliments qu'on éprouve une vive brûlure à l'estomac; le regard devient fixe, les pupilles se dilatent, la voix s'enroue, la respiration est gênée, le pouls s'affaiblit et des syncopes se succèdent très-rapidement ; l'œsophage ne fonctionne plus et laisse tomber les liquides dans l'estomac comme le ferait un tube inerte.

Toutes les fonctions de la vie se suspendent et la mort arrive entre le troisième et le huitième jour [1].

Traitement.—*Huile de ricin*, 30 grammes, avec trois ou quatre gouttes d'*huile de croton*.

Lavement avec une ou deux cuillerées de sel gris, fomentations froides sur la tête et le long de la colonne vertébrale, cataplasmes laudanisés sur l'estomac, plusieurs tasses d'infusion de *fleurs d'arnica* avec de l'*eau-de-vie*.

Aconit et *arsenic* alternativement, chaque heure une grande cuillerée.

VIN FRELATÉ. —Voyez à l'article *Plomb*.

VIPÈRE. — La vipère a la tête plate et triangulaire ; elle est armée à l'extrémité antérieure de la mâchoire supérieure de deux crochets à venin.

Effet. — Trois fois j'ai pu observer des morsures de vipère sur des condisciples dans nos herborisations de Fontainebleau, dirigées par le savant botaniste Clarion.

J'ai toujours vu que cette morsure déterminait en très-peu de temps une douleur aiguë, de la rougeur et de la tuméfaction.

---

[1] On se garde bien de manger des animaux morts de maladie ; mais, avec le plus grand soin, on rend malades des animaux pour en manger... le foie.

Le pouls devient faible et irrégulier, et le malade est bientôt couvert d'une sueur froide; il a une sensation de défaillance, et quelquefois il est pris de vomissements bilieux.

Je n'ai jamais vu mourir des suites d'une morsure de vipère, mais il y a de fréquents exemples de mort en France.

Traitement. — Il faut immédiatement pratiquer une ligature au-dessus de la partie mordue, faciliter la sortie du sang même en aspirant avec la bouche, si toutefois elle n'est pas écorchée.

On versera dans la plaie de l'ammoniaque et on fera des frictions sur le ventre, l'estomac et la partie interne des cuisses avec de l'eau sédative.

On donnera à l'intérieur deux ou trois tasses d'infusion bien chaude de *fleurs d'arnica* avec de l'*eau-de-vie*.

Lachesis contre les accidents secondaires.

En terminant, je tiens à dire que nos médicaments se préparent tous de la même manière.

Les métaux et les substances insolubles en les triturant avec du sucre de lait.

Les végétaux, en mêlant le suc de toute la plante avec de l'alcool.

Nous dynamisons ensuite ces *triturations* et ces *teintures mères* pour en développer toute la puissance thérapeutique.

Je n'entends pas disserter ici sur la théorie du dynamisme vital ou médicamenteux, ni sur l'action des doses infinitésimales.

Ces questions de puissances actives ont été largement discutées par de plus autorisés que moi[1].

Qu'il nous suffise d'affirmer que dans nos doses la substance médicamenteuse existe. L'analyse spectrale la fait matériellement retrouver jusque dans la douzième et la dix-huitième dilution ; or, ici nous nous servons de la *sixième*.

L'expérience nous a prouvé que les doses massives ne peuvent pas plus être comparées à nos dynamisations, comme *effet thérapeutique*, que l'inerte balle de fusil ne peut être comparée à elle-même quand elle a reçu l'impulsion de la poudre.

Tout le monde sait que les virus et les miasmes n'agissent que sur certains organismes et fort peu ou pas du tout sur d'autres. Il en est de même des puissances dynamiques ; elles sont d'autant plus actives qu'elles se trouvent en présence de leur similaire.

[1] L'*Hahnemannisme*, journal de médecine homœopathique, numéros de mars et avril 1868. — Conférences publiques de M. le docteur Léon Simon fils. — Leçons de médecine homœopathique du très-regretté docteur Léon Simon père. — *Bibliothèque homœopathique*, numéro de mai 1868.

ACTION PHYSIOLOGIQUE

DE QUELQUES MÉDICAMENTS SUR L'HOMME SAIN

ET LEUR APPLICATION EN CAS DE MALADIE

ACONITUM. — *Physiologie.* — Tous les symptômes de ce médicament indiquent l'inflammation ; aussi est-il au premier rang contre le début de presque toutes les maladies.

Le *Veratrum viride* lui disputera peut-être un jour cette propriété ; mais jusqu'à présent on s'en sert empiriquement, sa symptomatologie n'étant pas faite.

L'expérimentation pure de l'*aconit* démontre que ce médicament produit des douleurs de tête contractives et brûlantes avec sensation de plénitude ; ces douleurs augmentent par le bruit et le mouvement.

Sous son influence, les pupilles sont dilatées, la face devient rouge, et on éprouve la sensation comme si les yeux allaient sortir de la tête. Il y a des saignements de nez, de la soif, des nausées, des sueurs froides, du hoquet et une douleur pressive dans l'estomac.

Des coliques flatulentes, des selles blanches et des urines rouges avec douleur brûlante au col de la vessie.

Une toux violente provoquée par un chatouillement

dans la gorge, avec anxiété, oppression et douleur lancinante, principalement du côté droit de la poitrine.

Douleur comme de brisure dans les reins, la nuque, les grandes et petites articulations, avec pesanteur et lassitude dans les membres.

Les pieds deviennent froids et les chevilles sont le siége d'une violente douleur.

Des douleurs assez fortes dans la région coxo-fémorale pour rendre la marche très-difficile et occasionner de la sueur.

Boutons rouges sur différentes parties du corps.

Les nuits sont agitées par des rêves continuels et des frissons qui alternent avec une chaleur brûlante de tout le corps ; puis une transpiration plus ou moins forte vient soulager de cette fièvre toujours accompagnée d'une soif insupportable.

L'*aconit*, comme sa symptomatologie physiologique l'indique, est un puissant antiphlogistique.

Thérapeutique.—Ce médicament est utile contre toute inflammation, et on devra commencer par l'administrer contre le *croup*, la *fluxion de poitrine*, la *bronchite*, les *inflammations de gorge* et toute *fièvre inflammatoire* avec peau chaude et sèche, les yeux injectés de sang, soif, insomnie et agitation fiévreuse.

Contre les *névralgies* et à peu près toutes les *maladies aiguës*.

ARNICA. — *Physiologie.* — Le suc de cette plante, mêlé à de l'alcool et dilué, produit sur l'économie des effets de sang qui se manifestent par des douleurs de tête avec obscurcissement des yeux, vertiges et nausées.

Il produit aussi des taches rouges et bleuâtres sur la peau, taches ecchymotiques, autant de petites congestions.

Thérapeutique. — Ce médicament nous est d'un grand secours contre toute commotion morale ou physique, contre la blessure comme contre la colère ou la frayeur.

Il est le spécifique des accidents qui peuvent survenir par ces causes et contre l'apoplexie des vieillards avec obscurcissements de la vue.

ARSENICUM. — *Physiologie.* — L'intoxication lente de l'arsenic (acide arsénieux) excite d'abord les fonctions des organes, anime le visage et fait éprouver un certain bien-être. Mais bientôt le visage prend la couleur terreuse de l'ataxique et si l'intoxication continue, la maigreur et le marasme arrivent rapidement avec des frissons et des caractères intermittents.

Thérapeutique. — Il nous est utile, contre les maladies qui affectent profondément l'organisme : *le choléra, la fièvre thyphoïde, l'ulcère, le cancer, la gangrène, certaines fièvres intermittentes, l'angine gangréneuse, la diarrhée chronique, la faiblesse qui va jusqu'à la prostration, l'enflure œdémateuse, ou l'amaigrissement du marasme, l'urticaire.*

BELLADONE. — *Physiologie.* — Le nom de la plante, comme la plante elle-même, est des plus gracieux. Mais cette beauté fatale cache un poison terrible. Semblable en ses effets à la folie furieuse.

Tristesse profonde, visions effrayantes, angoisses avec

jactation continuelle. Enfin accès de rage et fureur de tout casser avec envie de mordre comme les hydrophobes.

La *belladone* irrite la peau comme elle irrite le cerveau.

Pris méthodiquement, ce médicament produit sur la peau des gonflements rouges et chauds, avec des plaques écarlates et luisantes.

Cette propriété incontestable a déterminé Hahnemann à administrer la *belladone* comme préservatif dans les épidémies scarlatineuses. Les succès qu'il a obtenus ont obligé l'école classique à admettre cette vérité, et nous rencontrons souvent des médecins niant systématiquement notre *loi des semblables*, l'ordonner cependant comme remède dans les mêmes circonstances que nous, sans se douter qu'ils se démentent eux-mêmes.

Thérapeutique. — La *belladone* doit donc être employée contre la scarlatine si cette inflammation ne sort pas franchement, contre les maux de tête par suite d'insolation, ou accompagnés de vertiges comme dans l'ivresse, contre les érysipèles de la face, les engorgements glanduleux des enfants lymphatiques, si les glandes sont rouges et enflammées, contre les maux de gorge avec fièvre, gonflement de la langue et des amygdales, sécheresse de la bouche et grande difficulté d'avaler. Dans ce cas de même que pour la toux du rhume ou de la fluxion de poitrine, il convient d'alterner la *belladone* avec l'*aconit*. Ce médicament est encore excellent contre l'insomnie par angoisses et rêves effrayants, — contre les convulsions des enfants quand elles viennent du cerveau, contre la rage.

Bryonia. — *Physiologie.* — La *bryone* agit principalement sur les tempéraments sanguins, nerveux et bilieux. Elle irrite les membranes muqueuses et séreuses.

La fièvre de la *bryone* consiste en frissons, particulièrement dans la soirée, avec dégoût, douleurs articulaires et amertume.

D'après les expériences du docteur Curie, ce médicament détermine sur le larynx et les bronches une inflammation pseudo-membraneuse comme dans le croup ou l'angine couenneuse.

Thérapeutique. — Nous recommandons ce médicament contre la grippe comme il a été dit plus haut.

Contre le croup, alterné avec *ipécacuanha* après *aconit.*

Contre les douleurs rhumatismales avec raideur musculaire et le lumbago.

Contre les embarras d'estomac avec goût de bile dans la bouche et constipation.

Calcarea. — *Physiologie.* — Ce médicament tiré de l'écaille d'huître, est composé de carbonate et phosphate de chaux, il contient des chlorures et probablement des iodures.

Toujours est-il qu'il a une très-grande action sur le système lymphatique et veineux. Sa symptomatologie sur l'homme sain nous a prouvé qu'il cause des phlegmasies chroniques, des collections séreuses, des engorgements glanduleux lymphatiques, qu'il amoindrit la chaleur vitale et conduit à la cachexie.

Thérapeutique. — *Calcarea* dynamisé est un puissant antiscrofuleux.

On le donnera contre les engorgements glanduleux qui sont durs et lents à se former ; contre les écoulements d'oreille avec dureté de l'ouïe. La dentition difficile ou dents mauvaises avec inflammation et suppuration des gencives ; contre le ballonnement du ventre; le carreau des enfants. On le donnera surtout dans les croissances rapides, alors que les os trop gélatineux encore menacent de se dévier. Dans la cachexie du phthisique.

CANTHARIS. — *Physiologie.* — La cantharide agit comme nous l'avons vu sur la vessie, elle augmente d'abord les urines et aussi la salivation, puis surviennent des spasmes du col de la vessie, sécheresse de la bouche, fièvre, hématurie ou pissement de sang, angoisses, douleurs déchirantes dans les membres.

Thérapeutique. — Nous administrons ce médicament contre la néphrite, la cystite, l'urétrite ; la rétention d'urine avec douleurs crampoïdes de la vessie ; les écoulements de mucosités sanguinolentes, l'hématurie ; la grande sensibilité de la vessie au moindre contact ; les flueurs blanches corrosives avec sensation brûlante en urinant; contre les douleurs rhumatismales avec sensation de brûlure et de déchirure.

La teinture de cantharide rubéfie la peau et produit des ampoules comme les brûlures en développant la même douleur. Étendu, comme il est dit à l'article BRULURE, elle en calme très-rapidement les douleurs.

CHAMOMILLA.— La *camomille* est un des médicaments de l'enfance, elle produit des sensations fugitives nerveuses et légèrement inflammatoires.

Thérapeutique. — Elle est utile contre les effets fâcheux de la colère. — Les névralgies dentaires avec gonflement d'une joue.

Les coliques venteuses. La diarrhée verdâtre avec douleurs qui font crier les enfants. Insomnie ou réveil en sursauts avec pleurs.

Cʜɪɴᴀ. — *Physiologie*. — Le *quinquina* préconisé comme un puissant tonique, dont on use et abuse, produit par sa réaction un effet bien contraire, effet qui malheureusement est celui qui reste.

Chaque individu accablé par les doses massives de quinine ou de quinquina en porte le cachet.

Son teint est blême, sa face bouffie, ses yeux éteints, son ventre est dur et gonflé, son estomac ne digère pas, ses facultés intellectuelles sont affaiblies ; il a la rate gonflée et le foie malade.

Thérapeutique. — C'est en raison de notre *loi des semblables* que nous obtenons avec ce médicament d'heureux résultats : contre les hémorrhagies passives ou les diarrhées par suite de faiblesse, contre la faiblesse à la suite de longues maladies ou de pertes de sang prolongées, contre la disposition à transpirer surtout la nuit, contre les fièvres dont les intermittences se manifestent par le froid du corps et congestion à la tête, contre l'irascibilité avec pusillanimité, contre les douleurs de tête avec sensibilité de la tête et des cheveux au toucher, contre les gonflements de la rate et les engorgements du foie, contre le goût amer et la répugnance pour les aliments avec sensation de pression sur l'estomac, contre la grippe quand la toux prend un caractère intermittent, qu'elle

est suffocante et convulsive, surtout la nuit, et que la
voix est devenue très-faible, contre des douleurs rhumatismales dans les muscles avec sensation de paralysie ou
de grande faiblesse.

Cocculus. — *Physiologie.* — La *coque du Levant* est
la personnification du mal de mer. Elle en reproduit tous
les symptômes.

Thérapeutique. — Dynamisée, elle est un des médicaments qui réussissent le mieux contre cette indisposition. Elle est très-puissante contre les migraines qui ont
quelque rapport avec ce mal et les douleurs de tête avec
vertiges, envies de vomir ou vomissements, surtout s'il
y a une sensation de vide dans la tête et qu'on sente
l'estomac pressé et défaillant.

Coffea cruda. — *Physiologie.* — *Café*, la graine non
torréfiée.

Chacun connaît l'effet primitif, immédiat du café,
fort agréable d'ailleurs.

Mais comme tout agent médicamenteux, le café laisse
sur ses habitués l'empreinte de son effet secondaire.

Le buveur de café a l'humeur sombre, morose, il est
irascible, querelleur et frondeur.

Il lui est difficile de satisfaire une fréquente envie de
dormir et son sommeil est tourmenté par des palpitations
de cœur et des cauchemars souvent effrayants.

Le matin au réveil, il souffre d'une sorte de migraine
nerveuse qui lui fait appréhender tout bruit et tout
mouvement.

Thérapeutique. — Il faut donc l'utiliser contre l'insomnie qui vient d'agitation nerveuse ou de tracas d'esprit, contre l'humeur chagrine et irascible, contre certaines migraines dont on souffre le matin qui surexcitent la sensibilité et rendent toute chose désagréable et pénible.

Cependant le café torréfié est utile dans les pays chauds, et nous le conseillons en boisson. Nous le conseillons aussi aux vieillards et aux natures épuisées pour flageller chaque jour une circulation engourdie et exciter une fibre nerveuse qui ne vibre plus.

COLCHICUM. — *Physiologie.* — Réputation méritée contre l'attaque de *goutte.* Le *colchique* en reproduit tous les symptômes. La figure de la personne qui l'expérimente exprime la douleur et son humeur chagrine s'irrite contre la moindre impression extérieure. Ses souffrances dans les membres sont déchirantes et se font principalement sentir du commencement de la nuit jusqu'à l'aurore.

Thérapeutique. — C'est donc dans cette circonstance qu'on devra administrer ce médicament surtout quand les urines sont rouges, rares et brûlantes, que le gonflement des jambes et des orteils est accompagné de rougeur et de chaleur.

CUPRUM. — *Physiologie.* — L'expérimentation pure du *cuivre* trituré longuement avec du sucre de lait donne l'aspect suivant : visage pâle avec des taches bleuâtres ; les yeux sont cernés et on remarque de petites ulcérations à la bouche. Le moral est constamment agité par des douleurs de tout le système nerveux, douleurs qui déterminent des crampes, des convulsions et le marasme. Des hoquets, des nausées et des diarrhées sont fréquentes avec une telle contraction des muscles que le ventre paraît rentré.

Le *cuivre*, l'*arsenic* et l'*ellébore blanc* (veratrum) sont les plus énergiques médicaments contre le choléra.

Thérapeutique. — L'application directe du **cuivre** en plaque très-mince sur les **crampes** les calme huit fois sur dix.

On s'en sert encore contre les diarrhées très-abondantes succédant à de longues constipations ;

Contre la diarrhée spasmodique, suite d'un refroidissement ;

Contre la coqueluche quand elle est franchement spasmodique avec les lèvres bleues pendant les quintes et raideur du corps.

Digitale. — *Physiologie.* — L'action de la *digitale* se porte sur le système nerveux.

C'es par innervation que ce médicament influence les mouvements du cœur, qui précipités d'abord se ralentissent bientôt et deviennent intermittents. C'est par innervation qu'il détermine la stase du sang dans les vaisseaux capillaires et par suite l'infiltration et la faiblesse.

La fièvre de la digitale se manifeste par l'irrégularité du pouls, l'abondance des urines, une contraction suffocante de la poitrine et de la défaillance.

Thérapeutique. — Il convient d'administrer la *digitale* contre l'angine de poitrine, affection nerveuse qui tout à coup oppresse la poitrine et peut amener une défaillance.

Contre les mouvements désordonnés du cœur avec irrégularité des pulsations, infiltration des jambes, obscurcissement de la vue et étourdissements avec douleur de pression aux tempes.

La *digitaline* agit très-activement dans ces cas.

DROSERA. — *Physiologie.* — Pris à l'état de santé, ce médicament produit une toux quinteuse et spasmodique déterminée par un chatouillement de la gorge. Pendant cette crise le visage se tuméfie, la voix s'enroue, la respiration est sibilante et très-gênée, le diaphragme se soulève et des vomissements surviennent le plus souvent.

Thérapeutique. — Il est difficile de trouver un tableau plus exact de la coqueluche. Aussi, sauf peu d'exceptions, en est-il le remède héroïque, surtout si on lui adjoint *l'aconit* d'abord et *l'ipécacuanha*. Quelquefois on est obligé de recourir à *Cuprum* suivant les tempéraments et la variété des symptômes.

Drosera calme la toux quinteuse du phthisique.

DULCAMARA. — *Douce-amère. Physiologie.* — La pathogénésie de la *douce-amère* nous montre que son action se porte sur la peau et les membranes muqueuses.

Elle produit une fièvre qui se manifeste par un froid à la peau d'abord, suivi bientôt d'une chaleur et d'une transpiration plus ou moins forte. Elle augmente aussi la sécrétion des muqueuses, ce dont on s'aperçoit à la salivation et à l'expectoration.

Sur la peau, et principalement à la face et sur les cuisses, la *douce-amère* détermine une espèce de dartre humide dont le suintement produit une croûte jaune à odeur nauséeuse semblable aux croûtes de lait.

Thérapeutique. — Ce médicament est employé avec avantage, contre les croûtes de lait des enfants lymphatiques; les dartres humides et croûteuses dont sont affectées quelques personnes blondes.

En raison de son action sur les muqueuses, nous le recommandons contre la toux catarrhale entretenue souvent par une affection herpétique répercutée par suite d'un refroidissement humide.

EUPHRASIA. — *Physiologie*. — L'euphraise irrite les yeux et y détermine une ophthalmie catarrhale avec ulcérations du bord des paupières, de la photophobie accompagnée de douleurs de tête et de sensation de grains de sable dans les yeux.

Cette étude sommaire de la matière médicale de l'euphraise nous conduit à son application.

Thérapeutique. — Ce genre d'ophthalmie est très-commun chez les enfants et dans nos dispensaires; quelques globules du suc dynamisé de cette plante suffisent pour les débarrasser.

FERRUM. — *Physiologie*. — Bien que le *fer* soit un des principes constituants du sang, il ne faut en user qu'avec une grande prudence. Son action secondaire et définitive étant bien différente de son action primitive.

Les personnes qui vivent dans les pays d'eaux ferrugineuses, et qui en font un usage habituel, ne nous donnent guère l'exemple de la vigueur et de la longévité. On trouve chez eux, au contraire, un grand nombre de phthisiques, on voit de fréquentes hémoptysies, un défaut réel de chaleur vitale, de l'impuissance et la stérilité.

Les premières influences des préparations ferrugineuses sont tout d'abord d'un bon effet. Elles donnent de la chaleur dans le sang, de l'activité dans les fonctions des organes, de l'appétit, de la rougeur aux joues et une certaine vigueur. Mais qu'on continue l'usage de ces préparations et on arrive bientôt au point où en sont les habitants des pays à fer.

Les congestions surviennent, les irritations, les hémorrhagies, la dyspepsie et la cachexie caractéristique du *fer*.

Il ne suffit pas de gorger l'estomac de fer, il faut qu'il puisse s'assimiler dans l'économie.

Thérapeutique. — Nos globules ferrugineux agissent dynamiquement sur l'économie, ils agissent comme puissance et non comme substance. Les phthisiques ne peuvent supporter aucune des préparations ferrugineuses de l'école classique, et nous obtenons des résultats aussi satisfaisants qu'on peut l'espérer en semblable cas.

Nous l'administrons lorsque la toux sèche est plus forte la nuit, que les crachats sont mêlés de sang, qu'il y a de la chaleur dans la poitrine, oppression et sueur le matin; que la figure du malade se couvre de taches rouges, qu'il y a des syncopes et du saignement de nez.

Nous employons encore le fer contre la cachexie ané-
mique quand l'organisme semble épuisé, qu'il y a
œdème des jambes, gonflement des paupières, peau
décolorée, que le moindre mouvement amène de la
suffocation, et que la tête est lourde et douloureuse
en se réveillant, que les cheveux tombent, que le visage
est pâle et que la figure se congestionne facilement ;
enfin quand il y a nausée et que les selles ne sont pas digérées.

On s'en sert aussi contre les hémorrhagies passives de
l'utérus et l'absence du flux menstruel chez les personnes
anémiques.

Hepar sulfur.—*Foie de soufre. — Sulfure de chaux.*
— *Physiologie.* — Ce médicament, utile aux natures
scrofuleuses, agit sur les glandes lymphatiques, les
enflamme et les amène rapidement à suppurer.

Il produit à la peau des érysipèles avec suppuration
des excoriations dans le nez et des écoulements fétides
par les oreilles. Il provoque une toux suffocante semblable à celle du croup ; la respiration devient anxieuse,
sifflante, avec péril d'étouffer si on reste couchée. Il provoque aussi une diarrhée blanchâtre qui répand une
odeur acide.

Thérapeutique. — Dans le croup, nous avons re-
cours à ce médicament, souvent avec succès après l'a-
conit.

Nous l'employons contre l'érysipèle phlegmoneux, les
abcès des glandes, l'écoulement purulent des oreilles.

Nous nous en servons dans la phthisie, pendant la période de suppuration des tubercules, quand le ventre

est ballonné et qu'une diarrhée blanchâtre à odeur aigre et une sueur visqueuse épuisent le malade.

IPÉCACUANHA. — Les effets symptomatologiques de l'*ipecacuanha*, sont : Un grand malaise, dégoût pour les aliments, nausées et vomissements de matières muqueuses, diarrhées séreuses quelquefois bilieuses et sanguines, saignement de nez et coryza. Toux convulsive avec oppression et spasme dans la poitrine comme dans l'asthme, yeux injectés, congestions aux poumons et sur différents organes ; frisson fébrile avec maux de tête, nausées, soif ; puis chaleur sèche et brûlante de la peau.

Thérapeutique. — L'*ipéca* : est indiqué contre la coqueluche surtout, si elle est catarrhale avec *aconit* et *drosera*.

Contre la fièvre gastrite et bilieuse avec forte inflammation des muqueuses de l'estomac.

Contre la dysenterie conjointement avec *mercure corrosif*.

Contre la diarrhée des enfants avec envies de vomir, pendant les grandes chaleurs.

Contre les vomissements incoercibles de la grossesse, avec *nux vomica :*

Contre les règles trop abondantes.

Contre l'asthme avec dyspnée, respiration anxieuse et abondantes mucosités.

Contre le croup avant la formation des fausses membranes.

Contre la cholérine et la colique de miserere.

Lycopodium.—En mettant à nu le principe actif du *lyco-pode* au moyen de triturations successives avec du sucre de lait, on obtient un médicament des plus importants. En raison de son affinité avec le soufre dynamisé, le *ly-copode* peut être regardé comme un *soufre* végétal.

Ainsi que le soufre, il agit profondément sur l'organisme humain en combattant la diathèse psorique dont il est un des représentants.

Physiologie. — Son expérimentation pure sur les natures saines produit quelques dartres et même une espèce de teigne avec croûtes sur la tête. Sous son influence, on devient nonchalant, paresseux et pusillanime ; le visage devient pâle et prend une certaine expression de vieillesse. Les glandes sous-maxillaires se gonflent ; il y a de l'inappétence qui alterne avec de la boulimie ; l'estomac et le ventre se gonflent et digèrent lentement, il survient souvent une longue constipation.

Thérapeutique. — Ce médicament convient aux natures douces, lymphatiques dont la santé se dérange facilement.

On le donnera aux enfants surtout pour combattre une longue constipation et la paresse de l'estomac et des intestins.

On l'emploiera aussi contre l'incontinence d'urines chez les vieillards.

Contre l'engorgement des glandes du cou avec difficulté des mouvements.

Contre l'écoulement purulent des oreilles avec menace de l'ouïe et l'ozène. Si ces affections sont venues à la suite de dartres ou d'irruption répercutées.

Contre les excroissances sycosiques, les verrues rugueuses.

Contre la teigne humide, dont les croûtes rugueuses se divisent en sillons.

MERCURE SOLUBLE. — *Physiologie.* — Ce médicament agit sur toute la machine humaine, il affecte le sang comme la lymphe, la peau, la muqueuse, les os et leur périoste. Il n'est pas un tissu organique qui ne soit atteint par le *mercure.*

Hahnemann, dans son admirable *Matière médicale,* après de longues expériences sur des natures saines, nous ndique les effets purement physiologiques du mercure. Seuls, ces effets expliquent les cures empiriques opérées par ce puissant agent.

Sa symptomatologie sommaire se manifeste par des douleurs pressives sur la tête comme si elle était serrée, surtout le soir.

Cuissons dans les yeux, qui sont rouges et larmoyants, avec photophobie et violentes douleurs des paupières, qui suppurent.

Le nez devient croûteux et il en sort, ainsi que des oreilles, un pus verdâtre à odeur fétide.

La figure et le menton se couvrent de pustules, et on remarque des ulcérations sur les gencives, au voile du palais et sur les amygdales ; les gencives saignent, les dents se déchaussent, noircissent et tombent, la langue se tuméfie et il sort de la bouche une salive dont l'odeur nauséabonde se sent à distance.

L'estomac souffre de douleurs brûlantes, le ventre se ballonne et devient sensible au toucher.

Les glandes des aines, comme les parotides, rougissent, gonflent et suppurent.

Il survient une diarrhée brûlante, visqueuse et sanguinolente, avec douleurs de brûlures et démangeaison à l'anus.

Les femmes sont tourmentées par une leucorrhée irritante et verdâtre.

Sensation de luxation dans les articulations ; tous les muscles sont endoloris, roides et faibles.

La peau devient malade, elle se couvre de dartres, de taches et de petites ulcérations; elle jaunit, et la sueur colore souvent le *linge*.

La fièvre est alternativement chaude ou froide, et tous ces symptômes s'aggravent la nuit.

Thérapeutique. — Le *mercure* convient toutes fois que, dans une inflammation, il y a tendance à l'induration ou à la suppuration.. — Contre les abcès des glandes, contre les ulcérations et les abcès de la bouche.

On donnera toujours avec succès ce médicament, lorsque chez un malade on se trouvera en présence d'effets semblables à ceux qui viennent d'être décrits.

On l'administrera contre l'angine, après l'*aconit* et la *belladone*, s'il survient des abcès sur les amygdales, ou partout ailleurs dans la bouche, si la langue se gonfle, et si la salive devient fétide.

Le *mercure* convient encore s'il survient des fausses membranes (*angine couenneuse*). Pour cette maladie, ainsi que je l'ai dit à l'article *Angine*, je préfère le *cyanure de mercure*, quand le sujet présente d'anciennes traces vénériennes; autrement, le *bromure de potassium* m'a rendu de grands services. Mais, comme je l'indique aussi, je ne manque jamais de nettoyer et de désinfecter la gorge au moyen d'énergiques injections avec de l'eau chargée de *vinaigre phénique.*

Le *mercure* est un puissant remède contre la jaunisse, quand le ventre est ballonné, que la peau est jaune, et que les matières sont décolorées. Dans ce cas, cependant, je préfère encore le *proto-chlorure de mercure* (calomel) au *mercure soluble.*

De même, contre la dysenterie, je me suis toujours mieux trouvé du *bichlorure de mercure (sublimé corrosif)* joint à l'*ipécacuanha* ou à la *noix vomique,* suivant les tempéraments.

Le *mercure* est utile aussi : contre les écoulements verdâtres et fétides avec chancres;

Contre les rhumatismes chroniques avec roideur, faiblesse et tremblement des muscles, surtout si les douleurs sont exaspérées la nuit;

Contre les inflammations chroniques des gencives avec suppuration des alvéoles et déchaussement des dents, qui sont comme molles.

Nux vomica. — *Noix vomique.* — *Physiologie.* — Parmi les 1,500 symptômes que produit la *noix vomique,* il suffira d'en indiquer quelques-uns pour faire considérer ce médicament comme un régulateur des fonctions abdominales.

Après les repas, accès de vertige, et le matin, en se réveillant, on sent une pesanteur et une pression dans la tête, comme on en éprouve après une indigestion.

Le visage devient rouge et gonflé avec pesanteur des paupières, et cuisson dans les yeux.

Le matin, sécheresse dans la bouche avec ou sans soif,

mais avec une ardeur brûlante qui monte jusque dans la gorge ; amertume dans la bouche et nausées.

Répugnance pour les aliments ; goût acide après le repas, avec gonflement du ventre ; défaillances et malaise.

Douleurs lancinantes sur l'estomac et la région du foie, avec gonflements, nausées et vents ; douleurs qui augmentent à l'air.

Constipation : après avoir été à la selle, il semble que des matières restent encore ; constriction du rectum qui les empêche de sortir, brûlure à l'anus et sang hémorrhoïdal.

Quelquefois, après un mal de ventre, il survient des déjections muqueuses sanguinolentes, avec brûlure dans l'anus, comme dans les dysenteries.

Douleurs et engourdissement dans les membres, avec oppression et douleurs dans les muscles du dos et de la poitrine. Ces douleurs sont plus sensibles le matin et s'aggravent à l'air ; elles font éprouver la sensation de raccourcissement des muscles.

Bien que ces symptômes se calment quand on se couche, le sommeil n'en est pas moins agité par de mauvais rêves.

Ce médicament agit plus particulièrement sur les tempéraments nervoso-bilieux, bruns et maigres.

Thérapeutique. — Il est parfaitement indiqué contre les fièvres gastriques et bilieuses, quand il y a chaleur, soif, rareté des urines, surtout chez les sujets adonnés à la bonne chère, à l'usage des boissons alcooliques et au café ;

Pour combattre la constipation causée par une vie sédentaire et le défaut d'énergie musculaire ;

Contre les vomissements chroniques et les vomissements des femmes enceintes ;

Contre les hémorrhoïdes, surtout si elles sympathisen:
avec un état maladif de l'estomac;

Contre les douleurs crampoïdes de l'estomac ou gastralgie;

Contre l'hypochondrie et la céphalalgie nerveuse des
ivrognes et des buveurs de café;

Contre la chute de l'utérus et la disposition aux hernies ;

Contre les douleurs rhumastimales quand elles agissent par secousses et que les muscles paraissent se rac-
courcir.

La *noix vomique* n'est indiquée contre la goutte que
pour en combattre les causes.

OPIUM. — *Physiologie.* — Les effets primitifs de
l'*opium* durent peu de temps, tandis que la réaction
opiatique est profonde et longue; l'abrutissement et la
paralysie des Orientaux qui en abusent nous le prouvent.

Ce n'est donc que sur les effets secondaires de l'*opium*
qu'il faut compter pour faire des cures durables.

On peut guérir une toux, une diarrhée, des vomissements, des tremblements, l'insomnie, etc., avec une
dose matérielle d'*opium*, dit Hahnemann, quand ces
maux viennent de paraître à l'instant même chez un
sujet jusqu'alors bien portant, et qu'ils se sont déve-
loppés d'une manière soudaine.

Mais si ces affections sont déjà un peu anciennes et
qu'il arrive à l'*opium* de procurer un soulagement
insidieux, elles reviennent dès que l'effet primitif est
passé. Il faut alors augmenter les doses, et elles finissent
par provoquer une maladie artificielle, souvent très-
grave.

L'*opium* dynamisé guérit à petites doses les symptômes qu'il produit dynamiquement. Quelques-uns de ces
symptômes sont :

Vertiges avec congestion et douleurs de pesanteur à
la tête ;

Insomnie rêvassante, hallucinations, et au réveil in-
constance dans les idées ;

Relâchement de tous les muscles de la face qui donne
un air stupide ;

Faim sans pouvoir manger, et, après le repas, hoquets,
pesanteur sur l'estomac, nausées et obscurcissement de
la vue ;

L'*opium* frappe de torpeur les organes ; sous son influence la respiration est difficile et stertoreuse.

Il produit un engourdissement général qui affaiblit
et rend la marche pénible ainsi que tous les mouvements.

Le sommeil est congestif ; il produit un assoupisse-
ment morbide accompagné de frayeur.

Le pouls, de fort, devient bientôt petit et lent.

La peau se couvre de sueur, surtout pendant le sommeil et au moindre mouvement [1].

Thérapeutique. — Nous avons employé l'*opium* avec
succès contre la congestion cérébrale, accompagnée de
coma soporeux, gonflement livide de la face et respiration ronflante [2].

Contre des constipations chroniques causées par
l'absence de mouvements expulsifs ;

[1] On le voit, grâce à Hahnemann, nous ne pouvons plus dire : l'opium
fait dormir parce qu'il a une propriété dormitive.

[2] Voir notre travail sur l'Apoplexie (Baillière, 19, rue Hautefeuille).

Contre l'insensibilité et paralysie fiévreuse qui suivent souvent les excitations cérébrales produites par une frayeur ou une violente colère ;

Contre l'asthme congestif avec stase sanguine dans les capillaires ;

Contre cette fièvre avec tremblement des muscles, somnolence, torpeur et délire, qu'on retrouve dans la fièvre typhoïde et certaines fièvres nerveuses. L'*opium* dissipe, dans ce cas, l'état congestif des centres nerveux.

PHOSPHORUS. — *Physiologie*. — Les fabriques d'allumettes chimiques nous montrent souvent, d'une façon terrible, les effets secondaires du *phosphore*. La nécrose du maxillaire inférieur, la dégénérescence graisseuse et la paralysie.

Expérimenté à petites doses, il produit des douleurs de tête ; plus fortes étant couché, elles se font sentir jusque dans les yeux et produisent des nausées.

Gonflement des paupières, les yeux pleurent à l'air ; ils s'enflamment, la vue est troublée comme par une gaze et des taches noires qui voltigent devant les yeux.

Douleurs et démangeaisons dans les oreilles, avec démangeaison et sécheresse dans les muqueuses du nez ; carie de dents et convulsions de la mâchoire inférieure.

Inappétence, et après manger, rapports acides et goût amer, nausées qui vont jusqu'à la syncope ; l'estomac reste douloureux et ballonné par des gaz.

Gonflement et douleur sur la région du foie.

Les selles sont molles et produisent une forte ardeur hémorrhoïdale dans le rectum et l'anus ; les hémorrhoïdes deviennent saillantes et douloureuses.

Les règles irrégulières sont douloureuses et suivies de flueurs blanches abondantes.

Pression sur la poitrine qui rend la respiration courte et haletante; toux avec expectoration muqueuse et quelquefois crachats *rouillés*.

Le sommeil est pénible, le réveil fréquent; le sujet se refroidit facilement et il est pris de frissons dans l'après-midi.

Douleur déchirante sur la région coxo-fémorale, et depuis le genou jusqu'aux pieds, qui deviennent lourds. Faiblesse dans les membres et sentiment général d'une faiblesse paralytique.

Thérapeutique. — Le *phosphore* dynamisé est incontestablement utile contre certaine période de grippe et de pneumonie, quand il y a suffocation, difficulté de tousser, douleur dans la poitrine avec palpitation du cœur en se tenant assis; enrouement et toux pendant la nuit avec crachats rouillés, gargouillement et diarrhée. Dans ces cas, le *phosphore* peut être avantageusement complété par la *bryone*.

On l'emploie encore contre les hémorrhoïdes internes, les pertes séminales et la chute des cheveux.

Contre le trouble de la vue qui se manifeste par de la photophobie, des taches noires devant les yeux et du larmoiement à l'air. On a pu arrêter des cataractes à leur début, au moyen de ce médicament.

On l'administre avec succès contre la suppression des règles, ou leur retour trop fréquent quand ces sortes de pertes sont causées par l'atonie de l'utérus chez un sujet lymphatique ;

Contre la fièvre hectique et la transpiration profuse, avec amaigrissement, faiblesse, lientérie et oppression ;

Contre les douleurs rhumatismales chez des sujets très-faibles, et dont les muscles, presque atrophiés, sont dans un accablement paralytique.

PULSATILLA. — *Physiologie*. — La symptomatologie de ce médicament indique qu'il convient surtout aux femmes.

Il produit des douleurs d'un côté de la tête avec obscurcissement de la vue, enchifrènement et écoulement du nez.

Douleurs de dents qui s'exaspèrent par le contact de l'eau froide.

Colique venteuse avec gonflement du ventre et diarrhée.

Leucorrhée indolente et flux abondant de mucus, qui a une couleur de lait.

Flux menstruel douloureux ou supprimé.

Douleur sur différentes parties du corps et particulièrement sur le gros orteil, qui est chaud, rouge et gonflé.

Thérapeutique. — La *pulsatille* agira contre le coryza et les douleurs de dents qui viennent à la suite d'un refroidissement humide;

Contre certaines leucorrhées; la suppression du flux menstruel, ou des règles pénibles;

Contre les coliques avec gonflement du ventre;

Contre des rhumatismes ambulants et l'accès de goutte.

Nous l'employons aussi contre les accidents de la chlorose, pour faciliter l'accouchement et faire résorber le lait quand la nourrice doit sevrer.

Rhus toxicodendron (sumac vénéneux). — Le suc de cette plante, dilué dans de l'alcool, a rendu de grands services à Hahnemann pendant les épidémies typhoïdes engendrées en Allemagne par les guerres de 1813.

Ce médicament reproduit en effet la plupart des symptômes de la fièvre typhoïde. Complété par la *bryone* et l'*arsenic*, le tableau serait achevé.

Physiologie. — L'expérimentation pure donne :

Douleur de pesanteur dans la tête avec étourdissements et vertiges étant assis sur le lit ; perte de mémoire.

Visage malade ; cercle bleu autour des yeux ; nez effilé, saignement de nez fréquent, lèvres sèches et couvertes de croûtes, les dents sont douloureuses, les gencives s'enflamment et saignent. La langue est sèche et rouge. Éructations, somnolence, taches rouges sur le corps.

Ventre douloureux et gonflé ; continuelle envie d'aller à la garde-robe ; les selles sont liquides et souvent sanguinolentes ; les urines, claires d'abord, se troublent bientôt et deviennent comme laiteuses.

Une fièvre avec des frissons ; quelquefois le délire augmente le soir, et épuise le patient soumis à l'expérience.

Douleurs lancinantes dans les membres avec sentiment d'extrême faiblesse.

Tension dans l'articulation du genou, en se levant ; les jambes sont comme paralysées.

Thérapeutique. — On l'emploie contre la fièvre typhoïde ; joint à *aconit, bryone, arsenic, belladone,* les symptômes de presque toutes les phases de cette maladie se trouvent couverts.

On l'emploie encore contre certaines fièvres nerveuses ;

Contre la paralysie rhumatismale ;

Contre les douleurs rhumatiques des lombes et de tous les muscles quand les douleurs sont lancinantes ;

Contre le pemphigus, le zona, l'urticaire.

Sulfur. — Le soufre, comme je l'ai dit ailleurs, est un médicament régénérateur, et c'est avec raison que les stations thermales sulfureuses sont encombrées chaque année.

L'eau minérale est la représentation naturelle du médicament homœopathique : même friction moléculaire qui dynamise la substance médicamenteuse, même division du médicament, et souvent même dose infinitésimale (Évian).

De part et d'autre, les effets sont assez puissants sur l'économie pour détruire une entité morbide.

Les eaux sulfureuses de Luchon, Baréges, Aix, etc., complétées par les eaux bromurées et iodurées de Kreuznach, Salins, Uriage, la mer, conseillées suivant les individualités, modifieront toujours chez les enfants les différents degrés de la diathèse scrofuleuse.

Il en sera de même des médicaments homœopathiques, *soufre*, *chaux*, *orpiment*, *muriate de soude*... si on connaît à fond leur *matière médicale*, c'est-à-dire leur *symptomatologie*.

Physiologie. — Les symptômes produits par le *soufre* indiquent bien la constitution sur laquelle ce médicament doit avoir prise.

Pesanteur de tête, surtout au vertex, avec saignements fréquents du nez.

Yeux fatigués, caves et cernés, avec ardeur, rougeur
et légère suppuration du bord des paupières.

Gonflement des parotides et douleur dans les oreilles.

Gonflement indolent des glandes.

Brûlure dans l'estomac avec difficulté de digérer.

Borborygmes dans le ventre avec prompte envie d'aller
à la selle.

Diarrhée facile avec chaleur et ténesme dans le rectum ; sortie d'hémorrhoïdes.

Fréquentes émissions d'urine avec douleur de brûlure
dans le canal.

Toux persistante, quelquefois avec des contractions,
comme si on allait vomir.

Les crachats produits par la toux du *soufre* sont épais,
odorants, et quelquefois remplacés par du sang.

La nuit, la respiration est gênée par de la congestion
aux poumons, et au réveil on ressent une courbature
douloureuse de tous les muscles.

Douleurs de tiraillement dans les grosses et petites
articulations, ce qui rend les mouvements très-pénibles.

Gonflement des varices et enflure des pieds.

Taches hépatiques sur le dos et la poitrine; d'anciennes
dartres reparaissent, prurit fourmillant, sur la peau, qui
se couvre d'éruptions diverses et se fendille.

La fièvre se manifeste par un froid et des frissons;
puis des sueurs aux aisselles, aux mains et aux pieds.

Inaptitude pour tout travail et abattement général
pendant tout le temps de l'influence du *soufre*.

Thérapeutique. — Le *soufre* est utile contre la plupart des maladies chroniques.

Particulièrement contre les affections herpétiques de la peau, comme celles des membranes muqueuses.

Les premières se manifestant par des dartres avec croûtes et démangeaisons, des éruptions sèches à la tête du pityriasis avec chute de cheveux, rougeurs et démangeaisons au nez et à la figure, les clous, furoncles ou anthrax ; même la gale, après la destruction de l'acarus.

Les deuxièmes, amenées souvent par des dartres répercutées, se manifestent par des rhumes ou des diarrhées faciles et des épanchements après l'état aigu de la maladie ; pleurésie ou péritonite.

Le *soufre* doit être employé contre les hémorrhoïdes et les rhumatismes goutteux chroniques.

VERATRUM ALBUM (Ellébore blanc). — *Physiologie.* — Cet *ellébore* est peut-être notre plus énergique médicament contre le *choléra*. Il agit aussi puissamment sur le cerveau en cas de folie.

Voici, d'ailleurs, quelques-uns des effets de l'*elléborisme*.

Délire calme, mélancolique, et manie avec perte de mémoire.

Douleur de pression dans la tête ; vue trouble.

Apreté dans la gorge, comme s'il y avait du poivre : vomissements fréquents et pression dans le creux de l'estomac.

Douleurs sourdes dans le ventre, suivies d'abondantes diarrhées.

Douleurs musculaires qui rendent les mouvements pénibles ; les jambes sont froides, faibles et engourdies.

Le corps est couvert d'une sueur froide et violemment agité.

La figure reste rouge, mais la peau en est froide ; la bouche est également froide et sèche ; soif et agitation de tout le corps.

Thérapeutique. — Les symptômes cholériques sont tellement caractérisés par le *veratrum album*, qu'il est naturel de le choisir comme préventif contre le choléra, au même titre que la *belladone* est devenue le préventif classique de la scarlatine.

Si on lui adjoint le *cuivre*, l'*arsenic*, le *camphre*, et deux ou trois autres médicaments, on a les moyens nécessaires pour se défendre contre les différentes phases de cet affreux empoisonnement.

On peut se servir du *veratrum* contre la gastro-entérite, accompagnée de vomissement et diarrhées.

Il a réussi contre des vomissements de femmes grosses, en l'alternant avec la *noix vomique.*

Il a été recommandé de toute antiquité contre l'hypochondrie et certaines folies.

SIMILIA SIMILIBUS CURANTUR.

PHARMACIE PORTATIVE

MÉDICAMENTS HOMŒOPATHIQUES

Ces médicaments, comme il a été dit, doivent être à la 6ᵉ dilution; leur dose sera de UN GLOBULE par *cuillerée d'eau*. On les administrera par petite ou grande cuillerée à intervalle de une, deux ou trois heures, suivant la force du mal, et on aura bien soin de remuer le liquide médicamenteux avant de donner la cuillerée.

ACONIT. — Au début de toute inflammation : rhumatisme aigu. — Pleurésie. — Fluxion de poitrine. — Angine, ou mal de gorge. — Croup à sa première période. — Période inflammatoire des maladies éruptives. — Névralgies.

ARNICA. — Affections par suite de lésion mécanique, ou commotion morale : Coup, chute, peur, colère. — Congestion cérébrale par suite de ces causes. — Ophthalmie traumatique. — Hémorrhagie du nez. — Mêlée à de la glycérine, la *teinture d'arnica* guérit les gerçures et excoriations des mamelons; au collodion, elle peut empêcher des abcès.

Arsenic. — Ulcères putrides. — Charbon. — Cancer. — Dartres suppurantes. — Fièvre typhoïde, période de cachexie. — Choléra, période algide. — Dyspepsie, par faiblesse. — Diarrhée chronique des enfants et des vieillards. — Toux chronique de vieillards épuisés. — Pemphigus. — Urticaire. — Certaines fièvres d'accès qui ne peuvent être guéries par la *quinine*.

Belladone. — Convient aux personnes lymphatiques : — Engorgement de glandes avec rougeur et douleur. — Oreillons. — Érysipèle avec gonflement. — Scarlatine; également pour la prévenir, si on a lieu de la craindre. — Congestion cérébrale avec vertiges et accès de colère. — Angine tonsillaire. — Convulsions des enfants, si elles viennent du cerveau. — Hydrophobie.

Bryone. — Convient aux personnes nerveuses et bilieuses. — Inflammation des membranes muqueuses : bronchite, pneumonie, pleurésie. — Grippe après avoir employé l'*aconit*. — Douleurs suite de refroidissement, lumbago. — Douleurs dans les articulations, principalement chez les personnes brunes.

Café cru. — Insomnie par surexcitation nerveuse. — Migraine le matin sans vomissements. — Névralgie d'un côté de la tête, comme si on y enfonçait un clou.

Camomille (*Chamomilla*). — Ce médicament agit principalement dans certaines affections des femmes et des enfants.

Convulsions à la suite de colère. — Fièvre nerveuse. — Névralgie dentaire avec gonflement de la joue. — Crampes d'estomac avec goût bilieux dans la bouche. — Diarrhées des enfants par suite de la dentition. — Coliques venteuses des enfants avec selles vertes et mal digérées. — Crampes utérines. — Insomnie avec angoisse.

Cantharides (*Cantharis*). — Affections des voies urinaires. — Néphrite. — Inflammation de la vessie et du canal. — Pissement de sang. — Gonorrhée avec violente douleur dans le canal.

Chaux carbonatée (*Calcarea carbonica*). — Nodosité goutteuse. — Engorgement froid des glandes. — Dentition pénible et croissance trop rapide des enfants. — Croûtes de lait. — Carreau. — Disposition à la phthisie. — Os trop gélatineux.

Colchique. — Affections arthritiques. — Attaque de goutte.

Coque du Levant (*Cocculus*). — Spasmes de l'estomac et coliques spasmodiques. — Vertiges, comme par l'ivresse. — Mal de mer.

Cuivre (*Cuprum*). — Gastrite. — Choléra. — Certains ulcères. — Coqueluche quand il y a de la diarrhée. — Hoquet. — Crampes dans le ventre avec diarrhée et mouvements convulsifs. — Convulsions épileptiformes.

Digitale. — Palpitations de cœur avec suffocation, lèvres et mains d'un rouge bleu avec taches bleues à la figure. — Respiration gênée, surtout étant couché. Il en est de même de la *digitaline*.

Douce-amère (*Dulcamara*). — Éruptions dartreuses avec gonflement de glandes. — Croûte de lait avec fièvre.

Drosère (*Rosée du soleil*). — Enrouement avec châtouillement du larynx. — Toux sèche la nuit. — Quintes de toux avec vomissements. — Coqueluche. — Toux provoquée par un picotement au larynx.

Ellébore blanc (*Veratrum album*). — Choléra. — Nausées fréquentes avec diarrhée. — Vomissements d'écume provoqués par le mouvement. — Coliques crampoïdes et prostration des forces avec spasmes du larynx. — Crampes dans les mollets.

Émétique (*Tartarus emeticus*). — Nausées fréquentes et renvois avec un goût d'œufs pourris. — Vomissements abondants avec violents efforts. — Oppression de poitrine, avec râle muqueux et crainte de paralysie des poumons. — Toux catarrhale (chez les vieillards). — Inflammation des poumons avec symptômes bilieux.

Euphraise. — Ophthalmie avec suppuration abondante de mucosités. — Inflammation et ulcération du bord des paupières. — Larmes corrosives. — Grande sensibilité des yeux à la lumière.

Fer. — Chlorose, hémorrhagies par faiblesse. — Toux convulsive du phthisique. — Absence d'appétit et soif. — Selles non digérées chez les enfants délicats.

Foie de soufre (*Hepar sulfur*). — Érysipèles flegmoneux. — Teigne. — Croup, quand la toux croupale traîne. — Gerçures de la peau. — Clous, anthrax, panaris.

Iode. — Gonflement inflammatoire du genou, sur lequel on peut appliquer la *teinture d'iode*. — Gonflement et dureté des glandes, qu'on fait dissoudre très-rapidement au moyen de quelques injections de 10 à 20 gouttes d'une dilution au dixième de *teinture*. — Amaigrissement cachectique.

Ipécacuanha. — Affections de l'estomac avec vomissement et diarrhée. — Grippe. — Toux convulsive de la coqueluche. — Crises d'asthme. — Sensation de malaise d'estomac.—Diarrhée sanguinolente et muqueuse avec ténesme. — Hémorrhagie uttiu . —Périneite.

Lycopode. — Gonflement œdémateux des enfants lymphatiques. — Manque de chaleur vitale. — Excoriation facile de la peau. — Mélancolic taciturne de l'enfant, — Écoulement de mucosité par les oreilles. —Constipation prolongée.

Mercure soluble de Hahnemann. — Taches et ulcères syphilitiques. — Ulcérations avec suppuration.—Petite vérole dans la période de suppuration. —Ophthalmie syphilitique.—Ophthalmic scrofuleuse purulente.—Rhumatisme syphilitique. — Aphthes des enfants. — Angine tonsillaire avec abcès. — Inflammation ulcéreuse des gencives avec chute des dents et salivation. — Jaunisse. — Chancres. — Bubons scrofuleux et syphilitiques. — Dysenterie. — Le *mercure* doit être alterné avec l'*ipécacuanha*, dans le cas de dysenterie.

Mercure corrosif (*Sublimé corrosif*). — Dysenterie grave. — Diarrhée sanguinolente très-fréquente. —Roideur paralytique et violentes douleurs dans les membres la nuit. — Douleurs dans l'intérieur des os avec tremblement. — Taches et ulcères scorbutiques. — Sueurs nocturnes. — Inflammation ulcéreuse de la bouche avec salivation fétide. — Dilué dans de l'eau très-chaude. Ce médicament, en nature, est très-utile en lavage contre certaines démangeaisons et l'érysipèle chronique du nez.

Noix vomique (*Nux vomica*). — Abus des liqueurs. — Constipation des personnes dont la vie est trop sédentaire. — Gastralgie des personnes bilieuses. — Vertiges avec obscurcissement des yeux et sensation de tournoiement après le repas.

Opium. — Suites fâcheuses d'une frayeur. — Coma somnolent. — Douleurs de tête congestives. — Constipation par torpeur intestinale. — Insensibilité générale du système nerveux.

Phosphore. — Affections rhumatismales chroniques, ou paralysie rhumatismales. — Fièvres hectiques. — Disposition à l'amaurose. — Diarrhée colliquative dans la phthisie et la fièvre typhoïde. — Pneumonie chronique. — Bouffissure générale.

Pulsatille. — Suppression des règles. — Flueurs blanches. — Coryza et grande disposition à s'enrhumer du *cerveau*. — Douleurs pendant le flux menstruel. — Diarrhée muqueuse. — Couche pénible.

Quinquina (*China*). — Faiblesse par suite de pertes débilitantes. — Fièvres des marais. — Disposition à l'hémorrhagie nasale; alterner avec *fer*. — Engorgement du foie ou de la rate; alterner avec *mercure soluble*. — Le *sulfate de quinine*, à dose matérielle, et coup sur coup, contre la fièvre pernicieuse.

Seigle ergoté (*Secale cornutum*). — Hémorrhagie utérine, suite de couche. — Gangrène sénile des vieillards.

Semen contra (*Cina*). — Affections vermineuses chez les enfants. — Agitation convulsive la nuit et grincement des dents. — Vomissement et diarrhée des enfants après avoir bu. — Sortie d'ascarides et de lombrics par l'anus.

Soufre (*Sulfur*). — Gale, *après le traitement externe*. — Atrophie des enfants scrofuleux. — Engorgements et ulcérations scrofuleuses. — Hémorrhoïdes anciennes. — Rhumatisme chronique, chez des sujets lymphatiques. — Anciens accidents syphilitiques.

Sumac vénéneux (*Rhus toxicodendron*). — Rhumatisme aigu avec inflammation des membranes synoviales. — Pemphigus érysipélateux. — Coma. — Taches pétéchiales. — Urticaire. — Fièvre intermittente; rhumatismale. — Fièvre typhoïde, quand apparaissent les taches sur le ventre, et pendant la période ataxique.

SUBSTANCES DONT IL A ÉTÉ DONNÉ L'EMPLOI DANS CE TRAVAIL

ACIDE PHÉNIQUE. — Antiseptique. — Caustique contre les piqûres ou morsures venimeuses.

ALUN, en poudre. — Une petite cuillerée dans un verre d'eau pour gargarisme ou injection.

AMMONIAQUE LIQUIDE. — Quelques gouttes dans de l'eau sucrée, contre l'ivresse. — Caustique.

ARNICA EN TEINTURE. — Une petite cuillerée dans un verre d'eau pour appliquer en compresses, sur les contusions, et 10 à 20 gouttes dans un demi-verre d'eau sucrée, pour empêcher les congestions traumatiques.
Taffetas à la *teinture d'arnica*, pour mettre sur les coupures.

BANDES DE LINGE.

CAMPHRE (*Esprit de*). — Pour calmer les douleurs de dents cariées, il faut y introduire une boulette de coton trempée d'*esprit de camphre*. — Choléra. —

Crampes.—Une ou deux gouttes sur du sucre contre le frisson subit et prostration de forces.

Charpie.

Chloroforme. — Compresses légères sur les douleurs névralgiques.

Digitaline, en granules. — De 2 à 4 granules, à deux heures d'intervalles, contre les palpitations de cœur.

Eau sédative. — Étendue d'eau, en compresses, contre les maux de tête.—Pure, pour laver les plaies de mauvaise nature. Nous conseillons d'en ajouter au moins un demi-verre dans l'eau qui doit servir aux ablutions du corps le matin. Elle excite les fonctions de la peau.

Formule de l'eau sédative.

Ammoniaque liquide.	100 grammes.
Alcool camphré.	10 —
Sel gris.	60 —
Eau.	1 litre.

Émétique. — En paquets de 5 centigrammes. — Un paquet dans un demi-verre d'eau tiède suffira pour faire vomir un adulte.

Éther. — On en fait respirer, en cas de syncope, quelques gouttes sur un morceau de sucre; calment les crampes d'estomac.

Fer (*Perchlorure de fer*). — Pour combattre les hémorrhagies intérieures, on en met une vingtaine de gouttes dans un demi-verre d'eau sucrée, qu'on fait prendre par gorgée de temps en temps.

On arrête les hémorrhagies extérieures en appliquant le *protochlorure de fer pur* au moyen de charpie ou d'amadou.

Ipécacuanha. — En poudre et en paquet de 20 centigrammes. On fait délayer un paquet dans un peu d'eau tiède sucrée, et on fait prendre en une ou deux fois à l'enfant qu'on veut faire vomir.

Laudanum de Sydenham. — En lavements de 8 à 12 gouttes. — En boisson, de 4 à 6 gouttes dans un demi-verre d'eau sucrée, pour les adultes, contre la diarrhée ou les douleurs.

Magnésie calcinée. — Purgatif doux. — Antidote des acides. — Une petite cuillerée dans un peu d'eau sucrée; le matin combat les aigreurs d'estomac.

Le *sulfate de magnésie* est un purgatif actif. — 30 grammes dans un verre d'eau purge suffisamment.

Mercure (*Nitrate acide de*). — Caustique très-éner-

gique dont il faut faire usage pour cautériser la morsure de chien enragé.

Pierre infernale. — Pour toucher les verrues qu'il
faut préalablement mouiller. — Cautériser des plaies à
cicatrisation lente.

Quinine (*Sulfate de*). — La *quinine* est le principe
actif du *quinquina*.

Au moyen de l'*acide sulfurique*, elle forme un sel soluble, le *sulfate de quinine*, qui devient assimilable et porte
rapidement ses effets sur les centres nerveux, ce qui
est prouvé par la surdité, le vertige, la cécité, etc.

Cette puissance assimilatrice, nos dilutions l'acquiè-
rent par l'extrême division de la substance, dont le principe médicamenteux se trouve ainsi développé.

Cependant la *quinine*, qui est le remède héroïque de
la fièvre pernicieuse, doit être donnée à forte dose pour
la combattre. Dans ce cas, il y a empoisonnement ma-
tériel auquel il faut opposer l'antidote.

On doit l'administrer de suite après un accès qui vient
de terminer, et ne le suspendre qu'au moment de l'invasion du premier frisson de l'accès qui doit suivre.

Les doses de *sel de quinine* pourront être de 15 à 30
centigrammes d'heure en heure.

L'accès pernicieux est généralement caractérisé par
un frisson intense, bientôt suivi d'une fièvre très-violente
avec congestion de poumon et du foie; délire et prostration profonde des forces.

SANTONINE. — Vermifuge. — Deux ou trois pastilles par jour, pendant deux, trois ou quatre jours, s'il est nécessaire.

SINAPISMES SECS. — *En feuilles*. — C'est un dérivatif rapide. Il faut mouiller la feuille avant de l'appliquer.

THAPSIA. — *En sparadrap*. — Dérivatif en cas de bronchite. Il faut le maintenir pendant douze heures.

NOTES SUR LES EAUX SULFUREUSES
DE BAGNÈRES-DE-LUCHON

Bagnères-de-Luchon est une des stations thermales les plus importantes de France.

Le soufre, un des principaux médicaments de la matière médicale homœopathique, se trouve dans ses eaux combiné avec l'oxyde de sodium et d'autres sels à base de soude, à des degrés différents : la température des sources étant également très-variée, fait que ce principe médicamenteux est applicable et assimilable à toutes les organisations.

Une cinquantaine de sources sont déjà captées dans de longues galeries souterraines creusées dans du granit micacé. D'autres se perdent encore, et ce ne sont pas des moins riches, à en juger par le dépôt de sulfate de soude et même d'alun qu'elles laissent dans les fentes des rochers d'où elles sortent.

Le soufre est un régénérateur puissant de l'organisme et un antipsorique par excellence, comme nous l'avons déjà dit souvent. Aussi, quand les malades veulent bien s'en rapporter aux conseils éclairés des médecins à qui on les confie, quand ils n'exagèrent pas eux-mêmes les doses de l'eau qu'ils ont à boire, ni le temps des bains et des douches qu'ils ont à prendre, il se fait à Luchon de belles et solides cures.

Les différentes dilutions sulfureuses dont sont douées toutes ces sources agissent très-énergiquement contre le lymphatisme manifesté par des engorgements glanduleux, des ulcérations muqueuses et cutanées, des opththalmies, des leucorrhées, etc.;

Contre certaines affections herpétiques des muqueuses, comme de la peau; catarrhes ou angines herpétiques ;

Aussi contre des rhumatismes chroniques et des accidents syphilitiques sur des sujets psoriques.

Quelques mots seront utiles pour recommander aux malades appelés à suivre un traitement sulfureux, la prudence qui leur est si nécessaire.

HYGIÈNE PENDANT LA CURE.

Lorsqu'on arrive à Bagnères-de-Luchon pour suivre le traitement thermal, il faut se reposer au moins une journée.

Je ne suis pas d'avis d'un purgatif comme le veulent encore quelques médecins, mais d'un bain émollient et même de boissons délayantes pour rafraîchir.

On conseille quelquefois aux personnes nerveuses et sanguines qui souffrent d'anciennes irritations intestinales, de boire pendant quelques jours de l'eau légèrement magnésienne et très-calmante de Sainte-Marie, pour préparer au traitement.

Cette source se trouve à l'entrée de la vallée de Luchon.

On doit se précautionner de vêtements de laine à cause de la variété de la température et de la grande sensibilité que la peau acquiert par l'action sudorifique du soufre, action qu'il faut faciliter sans toutefois l'exagérer. C'est principalement le matin et le soir qu'il faut se protéger contre le froid humide, si fréquent et si pénétrant dans les pays de montagnes.

Au commencement de la cure, on éprouve généralement un appétit violent produit par le changement d'air ou l'effet excitant des eaux sulfureuses ; il est prudent de régler la nourriture. Si on satisfait cet appétit factice, on fatigue l'estomac et on risque des accidents congestifs.

Les tables d'hôtes toujours trop chargées de mets variés sont funestes.

La nourriture simple convient le mieux, viandes rôties, légumes, œufs, laitage. Les poissons sont permis à moins de maladies de peau ; on peut manger des fruits bien mûrs, mais en petite quantité. Il faut éviter ce que l'estomac digère difficilement, ainsi que tous les excitants, tels que café, thé vert, épices, vinaigre, liqueurs ; la boisson devra être l'eau rougie avec du bon vin.

En général, il est de bonne hygiène de varier la nourriture, les éléments qui se trouvent dans les végétaux complètent et souvent atténuent avec avantage l'effet des principes trop riches qui font partie des viandes noires.

L'exercice est un des plus puissants auxiliaires du traitement, les promenades à pied doivent être courtes et fréquentes pour ne pas fatiguer. Les promenades en voiture et à cheval sont nécessaires comme exercice, et aussi pour aller respirer l'air végétalisé et oxygéné des montagnes. Ce sont là d'utiles parties de plaisir.

On a à Luchon beaucoup de projets pour procurer aux baigneurs tous les agréments possibles. La commune s'est rendue propriétaire d'un grand terrain pour y construire un casino, où des capitalistes veulent créer un Eden dans lequel seraient rassemblés les plaisirs et les jouissances du luxe le plus raffiné.

La commune luchonnaise, qui chaque année reçoit de grosses sommes, devrait commencer par protéger un peu mieux ses hôtes, en abritant le soir contre l'humidité des arbres ceux d'entre eux qui veulent entendre la musique sans risquer l'aggravation de rhumatismes qu'ils sont venus guérir.

Elle devrait aussi confier au célèbre organisateur de la gymnastique française, M. E. Paz, l'exécution intelligente d'un gymnase, où les hommes, les femmes et les enfants viendraient réparer le désordre causé par l'abus des plaisirs de l'hiver.

Les capitalistes trouveraient largement l'emploi de leur argent en exploitant la source du Pré, une des plus puissantes des Pyrénées, qui se conserve parfaitement en bouteille, et dont les effets sur les muqueuses sont si efficaces.

Il faut, aux eaux, se coucher tôt et se lever de même.

L'influence du soleil est bienfaisante, mais il faut éviter avec soin les stations à l'humidité du soir.

Les eaux sulfureuses sodiques doivent être prises par les enfants et les personnes impressionnables à doses très-faibles. Des verres gradués, comme il y en a à Vichy, seraient nécessaires pour les déterminer.

Le bain et la douche à température douce et agréable afin de tonifier sans irriter. Ce n'est que progressivement qu'on doit arriver aux sources puissantes.

Il faut diminuer peu à peu le traitement à l'approche des règles, le cesser pendant leur cours pour le reprendre quelques jours après.

Les tempéraments lymphatiques supportent une plus grande activité de stimulation que les autres tempéraments, mais pour tous il faut surveiller le mouvement du sang et craindre les congestions.

Il ne faut se présenter à la buvette que le matin, à jeun, ou lorsque la digestion est achevée.

Si l'estomac se fatigue, qu'il survienne des régurgitations sulfureuses et de la diarrhée, il faut diminuer la dose de la boisson, ou même la suspendre, et n'arriver à la *saturation* que progressivement sans fatiguer l'organisme.

Il est important d'éviter cette saturation brutale qui fait sortir le liquide sulfureux par les sécrétions et les excrétions; une semblable infection de la machine humaine ne peut être que nuisible. Bien différente est la *saturation dynamique*, ou réaction médicamenteuse, que ce médicament similaire produit, en aggravant les symptômes morbides, phénomène qui indique la fin du traitement pour permettre à l'action de s'opérer dans toute son étendue.

Lorsque le traitement détermine de l'irritation et de l'insomnie, on peut calmer cet effet trop violent au moyen d'un bain adoucissant; il n'enlève pas un atome de soufre et n'empêche ses effets, plus qu'un verre de sirop d'orgeat ne détruit les effets toxiques de l'acide arsénieux.

Des malades m'ont déclaré ne pouvoir supporter et amener à bien la cure sulfureuse de Luchon, qu'en l'adoucissant par des bains émollients pris de loin en loin.

Je l'ai déjà dit, les bains et les douches doivent être tempérés ; j'ajoute qu'ils doivent être de courte durée sous peine d'accidents.

Après le bain, il faut se coucher pendant une demi-heure ou une heure, afin de faciliter l'absorption médicamenteuse par la chaleur du lit.

L'application de la douche doit être bien dirigée en arrosoir ou en jet, suivant l'indication ; elle ne doit jamais dépasser dix minutes.

Les douches dites écossaises sont d'une grande puissance contre les douleurs rhumatismales : la chaleur ouvre les pores et fait pénétrer le principe médicamenteux ; la douche froide par sa basse température refoule le sang à l'intérieur, d'où il revient avec énergie par l'action alternative de la douche chaude. Ce mode d'opérer active la circulation des vaisseaux capillaires en rétablissant l'élasticité des muscles et des articulations.

Il est évident que si on imposait longtemps à l'organisme ces violentes actions et réactions, on dépasserait bien vite le but. Aussi faut-il agir avec prudence et faciliter les fonctions de la peau par des frictions générales, des massages bien faits, une petite promenade au soleil du matin, enfin le repos du lit.

PRINCIPALES SOURCES.

Blanche. — Cette source est tempérée à sa sortie du rocher par une certaine quantité d'eau qui la décompose. Une partie du soufre de son sulfure de soude se précipite et reste en suspension : il forme une sorte d'émulsion laiteuse et calmante.

Elle est à 38°, très-bonne pour les enfants et les personnes nerveuses.

Richard. — Sources supérieure et inférieure.

Ces sources, à sulfuration forte, sont conseillées contre les rhumatismes et les affections de la peau.

Azemar. — On la mêle aux sources Richard.

Reine. — Elle donne une vapeur de 46°, qu'on recueille dans une salle pour les inhalations ; ses effets sont très-puissants, mais très-irritants, quoique à sulfuration moyenne.

Bayen. — Très-chaude et une des plus chargées en sulfure de soude.

Grotte. — Elle est également une des plus fortes en sulfuration, mais elle n'est pas irritante et est toujours très-bien supportée.

Ferraz et Étigny. — Sources à sulfuration légère et d'une digestion facile.

Cependant beaucoup de personnes ne peuvent les supporter en bain; elles éprouvent de l'agitation et souvent de la fièvre.

Bosquet. — A sulfuration légère.

Bordeu. — A sulfuration moyenne, mais à décomposition facile.

Pré. — Cette source contient de la barégine. On la prend en boisson et elle est très-utile contre les affections des muqueuses et les ulcérations scrofuleuses; elle peut se conserver très-longtemps en boutcille.

Les eaux de ces différentes sources sont prises seules ou mêlées entre elles en diverses proportions, suivant l'indication du médecin qui dirige le traitement.

Thérapeutique délicate et peu aisée. Si elle exige la parfaité connaissance de la diathèse morbide, elle exige aussi la connaissance non moins sérieuse des effets physiologiques de chacune de ces sources. Leur symptomatologie doit varier dans les rapports de leur qualité et de leur dilution sulfureuse.

Il est à remarquer que ce ne sont pas les sources les plus chargées en sulfures et autres sels qui sont les plus irritantes et que l'économie supporte le plus péniblement; mais bien celles qui tout en ayant une sulfuration moindre, deviennent irritantes, dit-on, par la formation du gaz hydrogène, lequel, en formant de l'hydrogène sulfuré, mettrait en liberté des molécules de soufre qui, en pénétrant dans l'organisme, l'exaspère.

La source Blanche me paraît combattre cette théorie. Nous avons vu que, par sa décomposition, le soufre s'y trouve dans un état de complète diffusion, et cependant elle est une des plus calmantes.

Je crois volontiers à l'intoxication du gaz acide sulfhydrique; mais n'y aurait-il pas quelque autre combinaison qui échappe à l'analyse chimique, et le médecin vitaliste n'y pourrait-il pas trouver des effets dynamiques tout à fait en dehors de ce gaz délétère, qui par le fait de l'hydrogène de l'air, se produit un peu plus ou un peu moins dans l'eau de toutes les sources ?

Aussi faut-il absolument se laisser guider par les médecins qui ont voué leur vie à l'étude de cette importante médication hydrominérale. Je ne saurais trop le répéter, ces messieurs agissent avec une extrême prudence et une grande sagesse. Ils ne gorgent plus leurs malades de liquide; ils individualisent le remède et savent le doser : là aussi passe le souffle du génie de Hahnemann.

Je suis heureux de pouvoir rendre hommage à mes confrères de Luchon, qui ont tous été pour moi d'une courtoisie si parfaite et d'une obligeance si dévouée pendant mon court séjour dans leur beau pays.

Le soufre est un des médicaments qui agit le plus profondément dans l'organisme ; ses effets consécutifs ou secondaires durent plus de trois mois : il est donc nécessaire de respecter pendant longtemps le régime imposé pendant la cure.

Pour compléter ce traitement, j'ai coutume de conseiller une station d'une quinzaine de jours sur une des plages de Biarritz, Cette, Royan ou Arcachon ; non pour des bains de mer, mais pour des bains de cet air imprégné de principe salin, dont la base est la même que celle des sources de Bagnères-de-Luchon.

INDICATION CLINIQUE

OU INDICATION DE MÉDICAMENTS POUR DIFFÉRENTS GROUPES DE SYMPTÔMES
D'UNE MÊME MALADIE.

ABCÈS CHAUDS OU INFLAMMATOIRES. — Belladone.—Mercure.
— Phosphore.

ABCÈS FROIDS OU CHRONIQUES. — Carbonate de chaux (calcarea). — Foie de soufre (hepar sulfur.).— Soufre. — Saccharure d'huile de foie de morue.

ACCOUCHEMENT LABORIEUX. — Camomille. — Pulsatille. —
Opium.

AIGREURS D'ESTOMAC. — Carbonate de chaux (calcarea). —
Magnésie calcinée (une petite cuillerée).—Pulsatille.—Noix
vomique.

ALCOOLIQUES (*Mal par les boissons*). — Aconit. — Ammoniaque liquide. —Noix vomique.

AMAIGRISSEMENT. — Arsenic. — Phosphore. — Soufre. —
Saccharure d'huile de foie de morue.

ANÉMIE. — Arsenic. — Fer. — Quinquina. — Soufre. — Saccharure d'huile de foie de morue.

ANGINE. — Aconit. — Belladone. — Mercure.

ANGINE COUENNEUSE. — Bromure de potassium. —Cyanure de mercure. — Acide phénique en lavage.

ANGINE GANGRÉNEUSE. — Arsenic. — Acide phénique en lavage.

ANTHRAX. — Aconit. — Arsenic. — Belladone. — Foie de soufre (hepar). — Silice.

APOPLEXIE. — Aconit. — Arnica. — Belladone.—Opium. — Noix vomique.

APPÉTIT (*altéré*). — Noix vomique. — Quinquina. — Soufre.

ATROPHIE (des enfants). — Arsenic. — Chaux carbonatée (calcarea). — Soufre. — Saccharure d'huile de foie de morue.

BILE (*affections bilieuses*). — Aconit. — Bryone. — Camomille. — Mercure. — Noix vomique.

BLÉPHARITE (*Inflammation des paupières, orgelet*). — Aconit. — Foie de soufre. — Mercure. — Soufre.

BRONCHITE. — Aconit. — Belladone. — Bryone. — Émétique. — Ipecacuanha. — Pulsatille.

Brulures. — Arnica. — Cantharides.

Bubons (scrofuleux et syphilitique). — Belladone. — Mercure. — Soufre.

Cancer. — Arsenic. — Ciguë. — Créosote. — Silice. — Soufre.

Carreau (*des enfants*). — Arsenic. — Chaux carbonatéé (calcarea).—Soufre.—Saccharure d'huile de foie de mo rue.

Céphalalgie (*Migraine*). — Aconit. — Belladone. — Café. — Coque du Levant. — Pulsatille.

Chlorose. — Arsenic. — Fer. — Pulsatille. — Soufre.— Saccharure d'huile de foie de morue.

Chute (*Contusions*). — Arnica.

Cœur (*Palpitations*). — Aconit. — Digitale.—Digitaline. Pulsatille.

Colère (*Suite d'une*). —Arnica.— Bryone. — Camomille. — Noix vomique.

Coliques (*en général*). — Aconit. — Belladone. — Camomille. — Ipecacuanha. — Pulsatille. — Ellébore blanc (veratrum).

Constipation. — Bryone. — Lycopode. — Opium.— Noix vomique.

Convulsions. — Belladone. — Cuivre. — Ellébore blanc (veratrum).

Coqueluche. — Aconit. — Cuivre. — Drosère. — Ipécacuanha. — Pulsatille.

Coryza. — Belladone. — Euphraise. — Iode. — Mercure. — Pulsatille.

Couperose. — Arsenic. — Sumac vénéneux (rhus). — Eaux de Saint-Christau de Lurbe (Basses-Pyrénées).

Crampes. — Belladone. — Camomille. — Camphre. — Cuivre. — Ellébore blanc (veratrum).

Croissance (*trop rapide*). — Chaux carbonaté (calcarea). — Phosphore. — Soufre. — Bains de mer dans le Midi. — Saccharure d'huile de foie de morue.

Croup. — Aconit. — Cuivre. — Émétique. — Ipécacuanha. — Foie de soufre. — Phosphore.

Croutes de lait. — Arsenic. — Douce-amère. — Foie de soufre. — Lycopode. — Soufre.

Dartres. — Arsenic. — Douce-amère. — Lycopode. — Mercure. — Soufre. — Sumac vénéneux (rhus).

Délires. — Aconit. — Belladone. — Opium.

Dentition laborieuse. — Aconit. — Chaux carbonatée (calcarea). — Camomille. — Mercure. — Soufre. — Saccharure d'huile de foie de morue.

Diarrhée. — Arsenic. — Camomille. — Fer. — Ipécacuanha. — Mercure. — Phosphore. — Quinquina.

DYSPEPSIE.— Arsenic.— Foie de soufre. — Noix vomique. — Quinquina. — Soufre — Saccharure d'huile de foie de morue.

DYSENTERIE. — Aconit. — Arsenic. — Ipecacuanha. — Mercure corrosif.

ECZÉMA. — Arsenic. — Belladone. — Douce-amère. — Mercure. — Soufre.

ENGELURES. — Arsenic. — Lycopode. — Soufre. — Saccharure d'huile de foie de morue.

ENROUEMENT. — Drosère. — Phosphore.

EPISTAXIS (*Saignement de nez*).—Aconit. — Arnica. — Quinquina.

ERYSIPÈLE. — Aconit. — Belladone. — Foie de soufre.— Mercure. — Soufre.

ESTOMAC (*affecté*). — Arsenic. — Camomille. — Pulsatille. — Noix vomique.

FATIGUE. — Arnica. — Quinquina.

FATIGUE INTELLECTUELLE. — Arnica. — Noix vomique.

FLATUOSITÉS. — Camomille. — Charbon. — Quinquina.

FLUEURS BLANCHES. — Arsenic. — Créosote. — Mercure.—

Phosphore. — Pulsatille. — Soufre. — Saccharure d'huile de foie de morue.

GALE. — Soufre. —Saccharure d'huile de foie de morue.

FURONCLES. —Arnica. — Belladone. — Foie de soufre.— Silice. — Soufre.

GANGRÈNE. — Arsenic. — Quinquina. — Seigle. —Ergoté. — Silice. — Soufre.

GASTRALGIE. — Belladone. — Camomille. — Coque du Levant. — Pulsatille. — Noix vomique.

GASTRITE. — Aconit. — Arsenic. — Bryone. — Ipécacuanha. —Pulsatille.

GENCIVES MALADES. — Camomille. — Mercure. — Soufre.

GERÇURES. — Foie de soufre. — Lycopode. — Soufre. — Sumac vénéneux (rhus).

GLANDES (*Engorgement des*). — Belladone.—Foie de soufre. — Iode. — Mercure. — Soufre. — Saccharure d'huile de foie de morue.

GOÎTRE. — Belladone. — Iode. — Chaux carbonatée (calcarea). — Lycopode. — Saccharure d'huile de foie de morue.

GRAVELLE. —Pulsatille. — Silice.

Hématurie (*Pissement de sang*). — Arnica. — Cantharides. — Pulsatille.

Hémoptysie (*Expectoration sanguine*). — Aconit. — Arnica. — Camomille. — Fer. — Ipécacuanha. — Quinquina.

Hémorrhoïdes. — Arsenic. — Noix vomique. — Phosphore. — Piment. — Pulsatille. — Soufre.

Hoquet. — Aconit. — Belladone. — Fève Saint-Ignace. — Noix vomique.

Hypochondrie. — Fève Saint-Ignace. — Noix vomique.

Incontinence d'urine. — Belladone. — Silice. — Soufre.

Indigestion (*Suite d'une*). — Bryone. — Ipécacuanha. — Noix vomique.

Inflammations. — Aconit. — Belladone. — Bryone. — Mercure. — Pulsatille.

Intermittentes (*Souffrances*). — Arsenic. — Arnica. — Ipécacuanha. — Quinquina.

Jaunisse. — Aconit. — Camomille. — Mercure. — Quinquina.

Lombrics. — Mercure. — Santonine (Cina). — Soufre. — Étain. — Saccharure d'huile de foie de morue.

Lumbago. — Bryone. — Sumac vénéneux (rhus).

Mal de mer. — Arsenic. — Coque du Levant. — Noix vomique. — Tabac.

Méningite. — Aconit. — Belladone. — Bryone. — Jusquiame.

Néphrite. — Belladone. — Cantharides. — Pulsatille.

Névralgies. — Aconit. — Café. — Camomille. — Ellébore blanc (veratrum). — Noix vomique.

Névrose. — Belladone. — Chaux carbonatée (calcarea). — Fève Saint-Ignace. — Jusquiame. — Opium. — Saccharure d'huile de foie de morue.

Nostalgie. — Belladone. — Ellébore blanc (veratrum). — Fève Saint-Ignace.

Obésité. — Chaux carbonatée (calcarea). — Fer.

Otite (*Inflammation d'oreille*). — Belladone. — Mercure. — Pulsatille.

Ozène. — Chaux carbonatée (calcarea). — Soufre. — Acide phénique en lavage. — Saccharure d'huile de foie de morue.

Palpitations de cœur. — Aconit. — Digitaline. — Lycopode. — Pulsatille. — Quinquina.

Péritonite. — Aconit. — Belladone. — Bryone. — Mercure.

Petite vérole.—Belladone. — Inoculation de la variole.—
Mercure.

Pituites de l'estomac. — Bryone. —Ipécacuanha. —Noix
vomique.

Pleurésie. — Aconit. — Bryone. — Mercure.

Pleurodynie. — Arnica. — Bryone. — Pulsatille.

Pneumonie. — Aconit. —Bryone. — Émétique. —Phosphore. — Soufre.

Pollutions.—Ciguë.—Phosphore.—Soufre.—Saccharure
d'huile de foie de morue.

Prurit a la peau. — Aconit. — Arsenic. — Ciguë. —
Orpiment. — Soufre. — Sumac vénéneux (rhus).

Pyrosis. — Acide sulfurique. — Arsenic. — Noix vomique. — Pulsatille.

Rachitisme. — Belladone. — Chaux carbonatée (calcarea).
Lycopode. — Phosphore. — Soufre. — Saccharure d'huile
de foie de morue.

Rage. —Belladone. — Jusquiame. — Stramonium.

Règles dérangées. — Aconit. — Phosphore. — Pulsatille.

Rhumatismes. — Aconit. — Bryone. — Mercure. —
Pulsatille. — Soufre. —Sumac vénéneux (rhus).

Rougeole. — Aconit. — Belladone. — Pulsatille. — Sumac vénéneux (rhus).

Scarlatine. — Aconit. — Belladone. — Soufre.

Scorbut. — Arsenic. — Mercure. — Noix vomique. — Soufre. — Staphisaigre.

Scrofules. — Baryte. — Belladone. — Chaux carbonatée (calcarea). — Foie de soufre. — Iode. — Mercure. — Orpiment. — Silice. — Saccharure d'huile de foie de morue.

Sueur odorante. — Charbon. — Staphisaigre. — Stramonium.

Syphilis. — Iode. — Lycopode. — Mercure. — Muriate d'or. — Acide nitrique. — Thuya. — Soufre.

Teigne. — Arsenic. — Chaux carbonatée (calcarea). — Foie de soufre. — Lycopode. — Mercure. — Orpiment. — Saccharure d'huile de foie de morue.

Toux. — Aconit. — Belladone. — Bryone. — Drosère. — Ipécacuanha. — Pulsatille. — Soufre.

Typhus. — Arsenic. — Belladone. — Bryone. — Opium. — Phosphore. — Sumac vénéneux (rhus).

Ulcères. — Arsenic. — Foie de soufre. — Grande Chélidoine. — Mercure. — Acide nitrique. — Silice. — Saccharure d'huile de foie de morue.

Varices. — Arnica. — Arsenic. — Lycopode. — Pulsatille. — Soufre.

Vertiges. — Aconit. — Arnica. — Belladone. — Noix vomique. — Pulsatille.

Vessie (*Catarrhe de la*). — Cantharides. — Douce-amère. — Mercure. — Phosphore. — Silice. — Soufre.

Voix (*altérée*). — Baryte. — Drosère. — Iode. — Phosphore. — Soufre.

Vomissements. — Arsenic. — Bryone. — Camomille. — Ellébore blanc (veratrum). — Émétique. — Ipécacuanha. — Noix vomique. — Tabac.

Yeux affectés. — Aconit. — Belladone. — Euphraise. — Mercure. — Phosphore. — Pulsatille. — Soufre.

Zona. — Arsenic. — Mercure. — Orpiment. — Sumac (rhus). — Soufre.

TABLE

FIN

PARIS. — IMP. SIMON RAÇON ET COMP., RUE D'ERFURTH, 1.

BOUCHUT (E.). Nouveaux éléments de pathologie générale et de séméiologie, comprenant la nature de l'homme, l'histoire générale de la maladie, les différentes classes de maladies, l'anatomie pathologique générale, et l'histologie pathologique, le pronostic, la thérapeutique générale, les éléments du diagnostic par l'étude des symptômes et l'emploi des moyens physiques; auscultation, percussion, cérébroscopie, laryngoscopie, microscopie, chimie pathologique, spirométrie, etc. Deuxième édition, revue, corrigée et augmentée. 1 beau vol. gr. in-8° de x-1512 pages, avec 282 figures, broché, 18 fr. — Cartonné . . . . 20 fr.

ESPANET (A.). Traité méthodique et pratique de matière médicale et de thérapeutique, basé sur la loi des semblables. Paris, 1861, in-8° de 808 pages . . . . 9 fr.

FAUVEL (A.). Le choléra, étiologie et prophylaxie, exposé des travaux de la conférence sanitaire, internationale de Constantinople, mis en ordre et précédé d'une introduction. Paris, 1868. 1 vol. in-8°, avec une carte coloriée indiquant la marche du choléra en 1865 . . . . 10 fr.

FRÉDAULT. Physiologie générale, Traité d'anthropologie physiologique et philosophique, par le docteur F. FRÉDAULT. Paris, 1865. 1 vol. in-8° de xvi-851 pages. . . . . 11 fr.

GRANIER (MICHEL). **Conférences sur l'homœopathie.** Paris, 1858, 524 pages . . . . 5 fr.

JOUSSET (P.). Éléments de médecine pratique, contenant le traitement homœopathique de chaque maladie. Paris, 1868. 2 vol. in-8° d'environ 520 pages chacun . . . . 15 fr.

LORAIN. Études de médecine clinique et de physiologie pathologique. Le choléra observé à l'hôpital Saint-Antoine, par P. LORAIN, professeur agrégé de la Faculté de médecine de Paris, médecin de l'hôpital Saint-Antoine. Paris, 1868. 1 vol. in-8° de 220 pages, avec planches graphiques, coloriées . . . . 7 fr.

MENVILLE. Histoire philosophique et médicale de la femme, considérée dans toutes les époques principales de la vie, avec ses diverses fonctions, avec les changements qui surviennent dans son physique et son moral, avec l'hygiène applicable à son sexe et toutes les maladies qui peuvent l'atteindre aux différents âges. *Seconde édition,* revue, corrigée et augmentée. Paris, 1858, 3 vol. in-8° de 600 pages . . . . 10 fr.

MOTARD (A.). Traité d'hygiène générale. Paris, 1868. 2 vol. in-8°, ensemble 1,900 pages avec figures . . . . 16 fr.

PROST-LACUZON. Formulaire pathogénique usuel, ou Guide homœopathique pour traiter soi-même les maladies. *Troisième édition,* corrigée et augmentée. Paris, 1866, in-18 de 583 pages . . . . 6 fr.

RACIBORSKI (A.). Traité de la menstruation, ses rapports avec l'ovulation, la fécondation, l'hygiène de la puberté et de l'âge critique, son rôle dans les différentes maladies, ses troubles et leur traitement. Paris, 1868, in-8° de xxiv-632 pages, avec 2 pl. chromo-lithogr. . . . . 12 fr.

TARDIEU (A.). Étude médico-légale et clinique sur l'empoisonnement, avec la collaboration de Z. Roussin, pharmacien major de 1re classe, professeur agrégé à l'École impériale du Val-de-Grâce, pour la *partie de l'expertise médico-légale relative à la recherche chimique des poisons.* Paris, 1860, in-8° de xxii-1,072 pages, avec 53 figures et 2 planches gravées . . . . 12 fr.

TROUSSEAU. Clinique médicale de l'Hôtel-Dieu de Paris, par A. TROUSSEAU, professeur de clinique interne à la Faculté de médecine de Paris, médecin de l'Hôtel-Dieu, membre de l'Académie de médecine. *Troisième édition,* revue et augmentée. Paris, 1868, 3 vol. in-8° de chacun 800 pages, avec un portrait de l'auteur . . . . 30 fr.